工业机器人离线编程与仿真（ABB）

主　编　彭建新

副主编　胡春元　陈燕锋

参　编　李伟豪　苏　嘉　余廉晖

　　　　夏丽仪　苏少勇

主　审　朱天军

北京理工大学出版社
BEIJING INSTITUTE OF TECHNOLOGY PRESS

内容简介

本教材主要介绍 ABB 公司的仿真软件 RobotStudio 的应用，主要内容包括认识工业机器人离线编程仿真软件、ABB RobotStudio 6.08 软件的安装与应用、工业机器人基本仿真工作站的创建、工业机器人工作站的程序编写及仿真、工业机器人运动轨迹工作站的创建与仿真、工业机器人涂胶工作站的创建与仿真、工业机器人雕刻工作站的创建与仿真和工业机器人搬运工作站的创建与仿真等。每个项目分为导言、学习目标、学习任务，个别项目还有项目背景介绍。学习目标分为知识目标、技能目标、素养目标三类，其中素养目标体现课程思政导向，突出培养学生精益求精、吃苦耐劳、团结协作等精神。每个学习任务的内容包括：任务描述、任务分析、知识链接、任务实施、学习评价、任务拓展。每个项目最后都附有练习题。项目规划科学，任务分解合理，有利于教学过程的讲解和实训，有利于发挥好教师的主导性和学生的主体性作用，教、学、评相统一。此外，因应教育数字化转型要求，本教材配套有教学所用的课件（PPT）和辅助学习的微课，读者利用微信扫描书中二维码即可获得，以便于自学。

本教材适用对象以工业机器人技术应用专业、机电技术应用专业学生为主。

图书在版编目（CIP）数据

工业机器人离线编程与仿真：ABB / 彭建新主编
. -- 北京：北京理工大学出版社，2023.12
　ISBN 978-7-5763-3168-4

Ⅰ. ①工… Ⅱ. ①彭… Ⅲ. ①工业机器人 – 程序设计
②工业机器人 – 计算机仿真 Ⅳ. ①TP242.2

中国国家版本馆 CIP 数据核字（2023）第 254954 号

责任编辑： 封　雪　　　**文案编辑：** 封　雪
责任校对： 周瑞红　　　**责任印制：** 施胜娟

出版发行 / 北京理工大学出版社有限责任公司

社　　址 / 北京市丰台区四合庄路 6 号

邮　　编 / 100070

电　　话 / （010）68914026（教材售后服务热线）
　　　　　　（010）68944437（课件资源服务热线）

网　　址 / http://www.bitpress.com.cn

版 印 次 / 2023 年 12 月第 1 版第 1 次印刷

印　　刷 / 定州市新华印刷有限公司

开　　本 / 889 mm × 1194 mm　1/16

印　　张 / 12.5

字　　数 / 252 千字

定　　价 / 99.80 元

前言
Preface

随着工业自动化的不断发展，工业机器人在生产过程中的应用愈发广泛。相比传统的手动操作，工业机器人拥有高效、精准和安全的特点，能够大幅提高生产效率和产品质量。然而，工业机器人的编程与调试一直是一个具有挑战性的任务，需要专业的知识和经验来完成。离线编程是指在实际机器人操作之前，将机器人的动作序列和路径规划等工作提前完成，并在计算机上进行仿真验证。这种方法能够有效降低编程和调试的难度，提高工业机器人的部署效率。

鉴于工业机器人的广泛使用，院校普遍开设了工业机器人技术应用专业。鉴于实训设备工位有限，为适应实际工作需要，该专业往往开设"工业机器人离线编程与仿真"这门课程。我们在北京理工大学出版社的筹划下，在行业、企业技术专家的大力协助下编写了此书。工业机器人离线编程与仿真软件有多种，ABB公司是世界著名的工业机器人生产企业，其离线编程与仿真技术应用广泛，本教材主要介绍该公司的离线编程与仿真软件RobotStudio。

本教材采用理实一体化项目式教学体例，项目规划科学，任务分解合理，有利于教学过程的讲解和实训，有利于发挥好教师的主导性和学生的主体性作用，教、学、评相统一。此外，应教育数字化转型要求，本教材配套有教学所用的课件（PPT）和辅助学习的微课，读者利用微信扫描书中二维码即可获得，以便于自学。

本教材分有7个项目：ABB RobotStudio 6.08软件的安装与应用、工业机器人基本仿真工作站的创建、工业机器人工作站的程序编写及仿真、工业机器人运动轨迹工作站的创建与仿真、工业机器人涂胶工作站的创建与仿真、工业机器人雕刻工作站的创建与仿真、工业机器人搬运工作站的创建与仿真。每个项目分若干个学习工作任务。在编写体例上，每个项目分为导言、学习目标和学习任务，个别项目还有项目背景介绍。学习目标分为知识目标、技能目标和素质目标三类，其中素质目标体现课程思政导向，突出培养学生精益求精、吃苦耐劳、团结协作等精神。具体到每个学习任务，编写内容包括：任务描述、任务分析、知识链接、任务实施、学习评价和任务拓展。每个项目最后都附有练习题，以便学生巩固所学。

本书由肇庆市工业贸易学校彭建新担任主编，由广东风华高新科技有限公司风华研究院胡春元、肇庆市工业贸易学校陈燕锋担任副主编，由肇庆市工业贸易学校李伟豪、苏嘉、余廉晖、夏丽仪、苏少勇担任参编，由肇庆学院机械与汽车工程学院朱天军教授主审。本教材的编写分工为：彭建新负责概述、项目二的编写和全书统稿，陈燕锋负责项目三、五的编写，胡春元负责项目六的编写，李伟豪负责项目一的编写，苏嘉、余廉晖负责项目四的编写，夏丽仪、苏少勇负责项目七的编写。

本教材的教学时间分配建议如下：

序号	内容	课时
1	概述　认识工业机器人离线编程仿真软件	2
2	项目一　ABB RobotStudio 6.08 软件的安装与应用	2
3	项目二　工业机器人基本仿真工作站的创建	10
4	项目三　工业机器人工作站的程序编写及仿真	10
5	项目四　工业机器人运动轨迹工作站的创建与仿真	12
6	项目五　工业机器人涂胶工作站的创建与仿真	14
7	项目六　工业机器人雕刻工作站的创建与仿真	14
8	项目七　工业机器人搬运工作站的创建与仿真	16
	合计	80

由于编者水平有限和时间仓促，本教材的编写肯定有所疏漏和不足，恳请广大读者提出宝贵意见和建议，以便进一步修改和完善。

编　者

目录
Contents

概 述

认识工业机器人离线编程仿真软件

工业自动化的市场竞争压力日益加剧，客户在生产中要求更高的效率，以降低价格，提高质量。如今让工业机器人编程在新产品生产之始增加时间是行不通的，因为这意味着要停止现有的生产以对新的或修改的部件进行编程。冒险制造刀具和固定装置而不首先验证到达距离及工作区域已不再是首选方法。现代生产厂家在设计阶段就会对新部件的可制造性进行检查。在为工业机器人编程时，离线编程与仿真可与建立工业机器人应用系统同时进行。

ABB 于 1974 年发明了世界上第一台工业机器人，在 20 多年前就已发明了 VirtualRobot ™ 技术。为实现真正的离线编程，RobotStudio 采用了 ABB VirtualRobot ™ 技术。RobotStudio 是市场上离线编程的领先产品。通过新的编程方法，ABB 公司正在世界范围内建立机器人编程标准。ABB 公司在产品制造的同时对工业机器人系统进行编程，可提早开始产品生产，缩短上市时间。离线编程在实际工业机器人安装前通过可视化及确认解决方案和布局来降低风险，并通过创建更加精确的路径来获得更高的部件质量。

一、常用离线编程软件

常用离线编程软件有 RobotArt、RobotMaster、RobotWorks、Robomove、RobotCAD、DELMIA、RobotStudio、RoboGuide、KUKASim、SprutCAM、RobotSim、川思特等。

（1）RobotArt 是北京华航唯实推出的国产离线编程软件，虽然功能比国外同类的 RobotMaster、DELMIA 稍弱，但在国内的离线编程软件中也是出类拔萃的。其优点如下：支持多种格式的三维 CAD 模型，可导入扩展名为 step、igs、stl、x_t、prt（UG）、prt（ProE）、CATPart、sldpart 等的格式文件；支持多种品牌工业机器人离线编程操作，如 ABB、KUKA、FANUC、Yaskawa、Staubli、KEBA 系列、新时达、广数等；拥有大量航空航天高端应用经验；自动识别与搜索 CAD 模型的点、线、面信息生成轨迹；轨迹与 CAD 模型特征关联，模型移动或变形，轨迹自动变化；一键优化轨迹与几何级别的碰撞检测；支持多种工艺包，如切割、焊接、喷涂、去毛刺、数控加工；支持将整个工作站仿真动画发布到网页、手机端。

（2）RobotMaster 来自加拿大，是目前离线编程软件海外品牌中的顶尖软件，可适用市场上几乎所有机器人品牌（KUKA、ABB、FANUC、Motoman、STAR）。其优点是：可以按照产品数模，生成程序，适用于切割、铣削、焊接、喷涂等；具备独家的优化功能，运动学规划和碰撞检测非常精确，支持外部轴（直线导轨系统、旋转系统），并支持复合外部轴组合系统。

（3）RobotWorks 是一款来自以色列的机器人离线编程仿真软件，与 RobotMaster 相似，基于 Solidworks 进行了二次开发，生成轨迹方式多样，支持多种机器人和外部轴。

（4）Robomove 来自意大利，同样支持市面上大多数品牌的机器人。机器人加工轨迹由外部 CAM 导入。与其他软件不同，Robomove 走的是私人定制课程，根据实际项目进行定制。软件操作自由，功能齐全，支持多种机器人仿真。其优点是：软件操作自由，功能完善，支持多台机器人仿真。

（5）RobotCAD 是西门子旗下的软件，软件庞大，专注于生产线的仿真，价格也在各软件中名列前茅，RobotCAD 软件支持离线点焊，支持多台机器人仿真，支持非机器人运动机构仿真，以及精确的节拍仿真。

其他还有如 RoboGuide、KUKASim 机器人本体厂家的离线编程软件，与本体厂家的机器人兼容性很好。

二、RobotStudio 的主要功能

在 RobotStudio 中可以实现以下主要功能：

（1）CAD 导入：RobotStudio 可轻易地以各种主要的 CAD 格式导入数据，包括 IGES、STEP、VRML、VDAFS、ACIS 和 CATIA。通过使用此类非常精确的 3D 模型数据，工业机器人程序设计员可以生成更为精确的工业机器人程序，从而提高产品质量。

（2）自动路径生成：这是 RobotStudio 中最节省时间的功能之一。通过使用待加工部件的 CAD 模型，可在短短几分钟内自动生成跟踪曲线所需的工业机器人位置。如果人工执行此项任务，则可能需要数小时或数天。

（3）自动分析伸展能力：此便捷功能可让操作者灵活移动工业机器人或工件，直至所有位置均可到达，可在短短几分钟内验证和优化工作单元布局。

（4）碰撞检测：在 RobotStudio 中，可以对工业机器人在运动过程中是否可能与周边设备发生碰撞进行验证与确认，以确保工业机器人离线编程得出程序的可用性。

（5）在线作业：使用它与真实的工业机器人进行连接通信，对工业机器人进行便捷的监控、程序修改、参数设定、文件传送及备份恢复的操作，使调试与维护工作更轻松。

（6）模拟仿真：根据设计，在 RobotStudio 中进行工业机器人工作站的动作模拟仿真以及周期节拍，为工程的实施提供真实的验证。

（7）应用功能包：针对不同的应用推出功能强大的工艺功能包，将工业机器人更好地与

工艺应用进行有效的融合。

（8）二次开发：提供功能强大的二次开发平台，使得工业机器人应用实现更多的可能，满足工业机器人的科研需要。

（9）虚拟现实（VR）：提供即插即用的虚拟现实功能，体验无与伦比的现场感。无须对现有工业机器人仿真工作站做任何修改，只要使用标准的 HTC 虚拟现实眼镜与 RobotStudio 进行连接即可。ABB 使用 VR 直接控制物理机器人完成人员的工件喷涂操作，场景显示屏幕在虚拟环境中呈现模拟的外观，而通过 HTCVIVE 头戴式 VR 显示器，可以进一步看到虚拟的三维场景，可以操作模拟喷枪，然后在预设的范围内模拟喷漆。

RobotStudio 6 适配的计算机要求如表 0-1 所示。

表 0-1　RobotStudio 6 适配的计算机要求

硬件	要求
CPU	i5 或以上
内存	8 GB 或以上
硬盘	空闲 50 GB 以上
显卡	独立显卡
操作系统	Windows7 或以上

三、RobotStudio 软件界面和功能介绍

RobotStudio 是 ABB 公司推出的工业机器人离线编程软件，该软件采用了 ABB VirtualRobot™ 技术，是市场上离线编程的领先产品。本项目所用离线编程软件版本为 RobotStudio 6.08，本书案例在 6.08 以下版本中可能无法正常打开或使用，如软件版本低，则需更新软件。RobotStudio 6.08 的主界面如图 0-1 所示。

图 0-1　RobotStudio 6.08 的主界面

RobotStudio 6.08 主界面是一个典型的 Windows 视窗，其菜单栏包括"文件"功能选项卡（以下简称选项卡）、"基本"选项卡、"建模"选项卡、"仿真"选项卡、"控制器"选项卡、"RAPID"选项卡及"Add-Ins"选项卡，如图 0-2 所示。

图 0-2　RobotStudio 6.08 主菜单

1."文件"选项卡

"文件"选项卡主要用于文件级别操作，包括保存、保存为、打开、新建、打印、共享等 13 个选项，如图 0-3 所示。

图 0-3　RobotStudio 6.08"文件"选项卡

（1）保存工作站为：将创建的工作站另存到指定的位置，单击"文件"菜单中的"保存工作站为"选项，即可保存在指定位置，如图 0-4 所示。

（2）打开：打开已经创建的工作站，如图 0-5 所示。

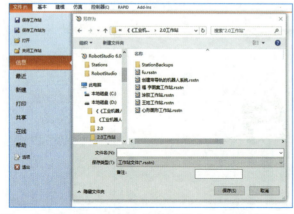
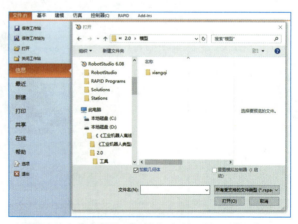

图 0-4　"文件"选项卡中的"保存工作站为"选项　　　图 0-5　"文件"选项卡中的"打开"选项

（3）关闭工作站：关闭已经打开的工作站，如图 0-6 所示。单击"关闭工作站"，如事先工作站未保存，则会提醒"是否进行保存？"，如已保存则会直接关闭该工作站。

图 0-6　"文件"选项卡中的"关闭工作站"选项

（4）信息：关于当前打开的工作站的信息，如图 0-7 所示。

图 0-7　"文件"选项卡中的"信息"选项

（5）最近：单击"最近"选项会显示最近打开过的工作站列表，单击列表中的条目即可打开相应的工作站，如图 0-8 所示。

（6）新建：单击"新建"选项将创建新的工作站，提示给新工作站进行命名和设置存放位置。新建工作站有"空工作站解决方案""工作站和机器人控制器解决方案""空工作站"三种方式，如图 0-9~ 图 0-11 所示，应根据需要选择不同的创建方式。

图 0-8　"文件"选项卡中的"最近"选项

图 0-9　"文件"选项卡中的"新建"工作站
"空工作站解决方案"方式

图 0-10　"文件"选项卡中的"新建"工作站
"工作站和机器人控制器解决方案"方式

图 0-11　"文件"选项卡中的"新建"工作站"空工作站"方式

（7）打印：单击"打印"选项，打印已创建的工作站，如图 0-12 所示。

（8）共享：单击"共享"选项，与他人共享工作站数据，包括"打包""解包""保存工作站画面""内容共享"4 个选项，如图 0-13 所示。

图 0-12　"文件"选项卡中的"打印"选项

图 0-13　"文件"选项卡中的"共享"选项

1）打包工作站，其界面如图 0-14 所示。

a. 在后台视图，在与其他人分享数据的情况下，单击"打包"按钮，将弹出"打包"对话框。

b. 输入数据包名称，然后浏览并选择数据包的位置。

c. 勾选"用密码保护数据包"复选框。

d. 在"密码"框输入密码以保护数据包。

e. 单击"确定"按钮。

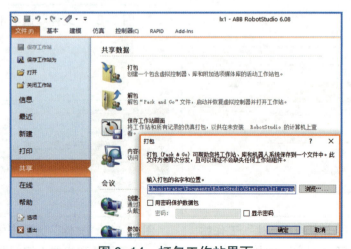

图 0-14　打包工作站界面

2）解包工作站，其界面如图 0-15 所示。

a. 单击"解包"按钮以打开"解包"向导，单击"下一个"按钮。

b. 在"选择包"页面中，单击"浏览"按钮，选择要解包的打包文件及解包目录，单击"下一个"按钮。

c. 在控制器系统页面中，选择"RobotWare 版本"，然后单击"浏览"按钮，选择到媒体库的路径，或勾选自动恢复备份的复选框，再单击"下一个"按钮。

d. 在解包准备就绪页面，查看解包信息，然后单击"结束"按钮。

> 🖉：如果打包文件在创建期间施加了密码保护，要提供密码才能载入工作站。

e. 在解包已完成页面上，查看结果，然后单击"关闭"按钮。

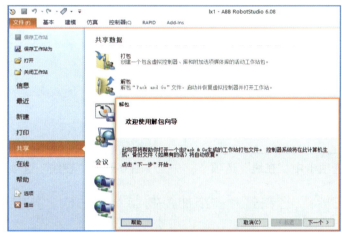

图 0-15　解包工作站界面

3）保存工作站，其界面如图 0-16 所示。将工作站和所有记录的仿真打包成可执行文件（*.exe），以供在未安装 RobotStudio 的计算机上查看。

4）内容共享，其界面如图 0-17 所示。访问 RobotStudio 库、插件和来自社区的更多信息，与他人共享内容。

图 0-16　保存工作站界面

图 0-17　内容共享

（9）在线：将 PC 以物理方式连接到控制器进行在线操作，包括"连接到控制器""创建并使用控制器列表""创建并制作机器人系统"三个功能，如图 0-18 所示。

1）连接到控制器→一键连接。

a. 将计算机连接至控制器服务端口。

b. 确认计算机上设置了正确的网络设置。DHCP（动态主机配置协议）被启用，指定了正确的 IP 地址。

c. 单击"一键连接"选项。

2）连接到控制器→添加控制器，如图 0-19 所示。

图 0-18　"文件"选项卡中"在线"选项

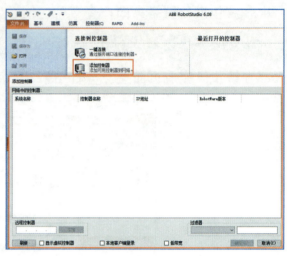

图 0-19　"在线"选项中的"添加控制器"

a. 单击"添加控制器"选项打开"添加控制器"对话框，其中列出了所有可用的控制器。

b. 若该控制器未显示在列表中，则在"IP Address"（IP 地址）框中输入 IP 地址，然后单击"刷新"（Refresh）按钮。

c. 在列表中选择控制器，单击"确定"按钮，将计算机连接至控制器服务端口。

3）创建并使用控制器列表→导入控制器，导入一组控制器并将它们相连。

a. 单击"导入控制器"选项，打开一个对话框。

b. 浏览要选择的控制器。

c. 单击"确定"按钮。

4）创建并使用控制器列表→导出控制器，在文件中存储当前已连接的控制器。

　🖉：工作站尚未建立系统，图例中的控制器列表为空白。

（10）帮助：RobotStudio 提供了必要的帮助，主要包括支持（在线社区、开发者中心、管理授权）、文档（帮助文档）、RobotStudio 新闻等，如图 0-20 所示。

（11）选项：包括概述、机器人、在线、图形、仿真等选项，主要是对 RobotStudio 6.08 进行相应的设置，具体设置可参阅使用手册。

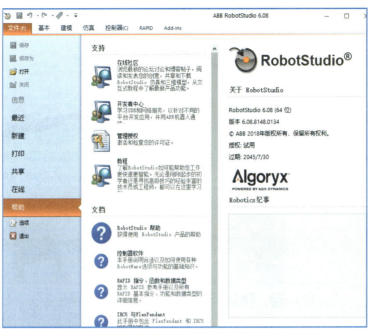

图 0-20　"文件"选项卡中的"帮助"选项

2. "基本"选项卡

"基本"选项卡主要用于创建工作站系统，即创建系统、建立工作站、路径编程、设置和摆放物体所需的控件等，包括"建立工作站""路径编程""设置""控制器""Freehand""图形"选项组，如图 0-21 所示，各项功能在后面逐步学习。

3. "建模"选项卡

"建模"选项卡主要用于创建及分组组件、创建部件、测量以及进行与 CAD 相关的操作，包括"创建""CAD 操作""测量""Freehand""机械"选项组，如图 0-22 所示。

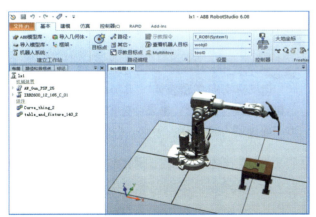

图 0-21　RobotStudio 6.08 "基本"选项卡

图 0-22　RobotStudio 6.08 "建模"选项卡

4. "仿真"选项卡

"仿真"选项卡主要用于创建、配置、控制、监视和记录仿真的相关控件，包括"碰撞监控""配置""仿真控制""监控""信号分析器""录制短片""输送链跟踪"选项组，如图 0-23 所示。

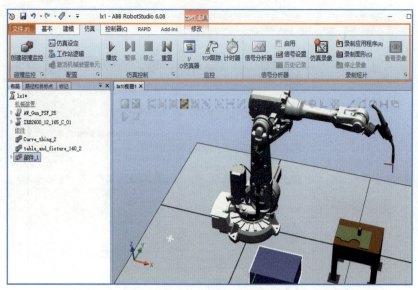

图 0-23　RobotStudio 6.08"仿真"选项卡

5. "控制器"选项卡

"控制器"选项卡主要用于管理真实控制器（IR5C）以及虚拟控制器（VC）的同步、配置和任务分配，包括"进入""控制器工具""配置""虚拟控制器""传送"选项组，如图 0-24 所示。

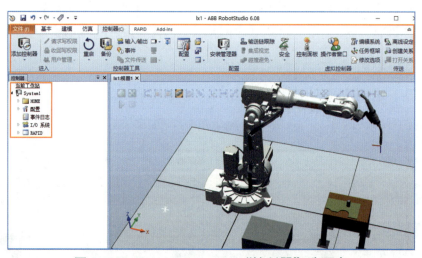

图 0-24　RobotStudio 6.08"控制器"选项卡

（1）添加控制器：使用"进入"选项组中的"添加控制器"选项，可以连接到真实或虚拟控制器，主要有以下两种方法，如图 0-25 所示。

1）一键连接。

2）添加控制器。

该操作方法与前述"文件"选项卡→"在线"选项中添加控制器方法一致，在此不赘述。

（2）启动虚拟控制器：使用给定的系统路径可以启动和停止虚拟控制器，而无需工作站，如图 0-26 所示。

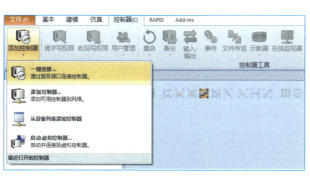

图 0-25　添加控制器的方法

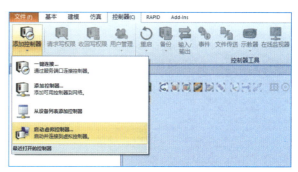

图 0-26　启动虚拟控制器的方法

1）启动虚拟控制器。在系统库下拉列表中，指定 PC 上用于存储所需虚拟控制器系统的位置和文件夹。向此列表中添加文件夹，可单击"添加"按钮，然后找到并选择要添加的文件夹。若要删除列表中的文件夹，可单击"删除"按钮。

2）系统表列出了在所选系统文件夹中发现的虚拟控制器系统。单击某个系统可以选择它，以便启动该系统。

3）选中所需的复选框。

a. 重置系统，用当前系统和默认设置启动 VC。

b. 本地登录。

c. 自动分配写访问权限。

（3）事件日志：可以查看有关此事件的简要说明，如图 0-27~ 图 0-29 所示。

图 0-27　"控制器"选项卡中的"事件日志"

1）打开事件日志，每个事件的严重程度都由其背景色指明：蓝色表示说明信息，黄色表示警告，红色表示需要纠正才能继续工作的错误。

2）在默认情况下，"自动更新"复选框处于被选中状态，因此所发生的新事件都会显示。若清除此复选框的复选标记，将禁用自动更新。若再次选中它，系统将获取并显示此复选框未被选中期间所错过的事件。

3）可以按照事件类别或根据所显示细节中的任何文本对事件日志列表进行过滤。若按照任何所需的文本对列表进行过滤，应在文本框中指定文本；按照事件类别进行过滤，应使用"类别"下拉列表。

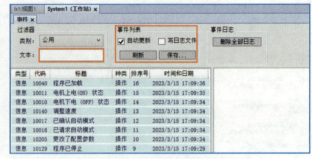

| 图 0-28　打开事件日志 | 图 0-29　过滤事件日志 |

（4）I/O 系统：可以查看并设置输入 / 输出信号，双击左侧"控制器"选项卡中的"I/O 系统"，打开 I/O 系统界面，如图 0-30 所示。

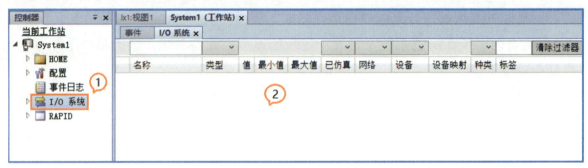

图 0-30　打开 I/O 系统界面

常用 I/O 信号说明如表 0-2 所示。

表 0-2　常用 I/O 信号说明

信号	描述	信号	描述
DI	数字输入信号	AO	模拟输出信号
DO	数字输出信号	GI	信号组，作为一个输入信号
AI	模拟输入信号	GO	信号组，作为一个输出信号

（5）配置：主要是对通信、控制器、I/O 系统、人机通信、动作等进行配置，在左侧"控制器"功能卡中双击"配置"下的某项目，就对应打开某项配置，如图 0-31 所示。

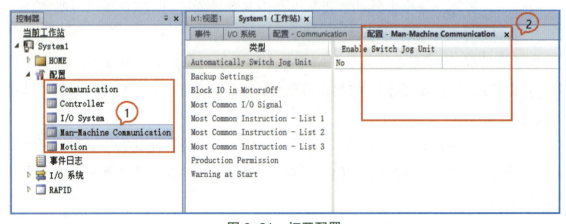

图 0-31　打开配置

6. "RAPID"选项卡

"RAPID"选项卡主要是对 RAPID 程序进行操作，包括 RAPID 程序编辑、RAPID 文件的管理以及用于 RAPID 程序编程的其他控件，如图 0-32 所示。

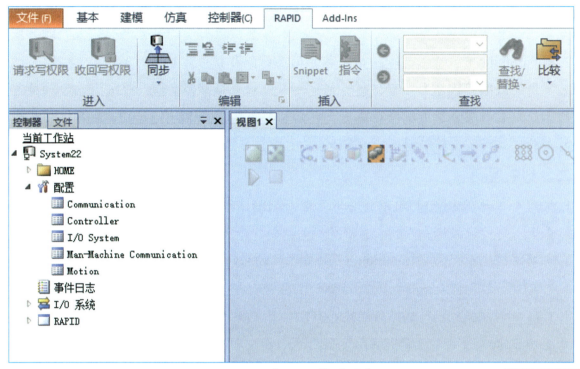

图 0-32　RobotStudio 6.08 "RAPID"选项卡

认识工业机器人
离线编程仿真软件

7. "Add-Ins"选项卡

"Add-Ins"选项卡包括 PowerPacs 和 VSTA 的相关控件，如图 0-33 所示。

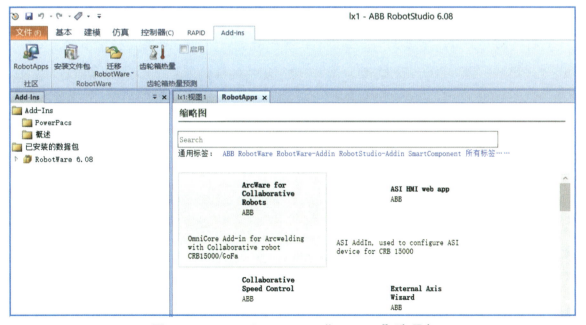

图 0-33　RobotStudio 6.08 "Add-Ins"选项卡

 **练习题**

一、填空题

1. ABB 是世界领先的机器人制造商，自_____年发明世界上第一台工业机器人以来，至今已经有 40 多年的历史。

2. RobotStudio 是由_____公司推出的离线编程软件。

3. 常用离线编程软件主要有_____、_____、_____、_____等。

4. 工业机器人综合应用了计算机_____、_____、_____等高新技术。

5. 工业机器人常用的编程方法主要有_____、_____、_____三种。

二、判断题

1. 机器人四大家族是 FUNUC、安川电机、ABB、KUKA。　　　　　　　（　　　）

2. 机器人可以做搬运、焊接、打磨等项目。　　　　　　　　　　　　　（　　　）

3. 自动路径生成：这是 RobotStudio 中最节省时间的功能之一。　　　　（　　　）

4. "建模"选项卡主要用于创建分组及创建部件。　　　　　　　　　　　（　　　）

5. 自动分析伸展功能可让操作者灵活移动工业机器人或工件。　　　　　（　　　）

三、选择题

1. ABB 机器人属于哪个国家？（　　　）

A. 美国　　　　　　　B. 中国　　　　　　　C. 瑞典　　　　　　　D. 日本

2. 机器人的英文单词是（　　　）。

A. botre　　　　　　B. boret　　　　　　C. robot　　　　　　D. rebot

3. RobotStudio 是由（　　　）公司研发的离线编程软件。

A. KUKA　　　　　　B. ABB　　　　　　C. FUNUC　　　　　　D. KAWASAKI

4. 工业机器人常用的编程方法主要有：示教编程、（　　　）、机器人语言编程。

A. 离线编程　　　　B. 在线编程　　　　C. 复制编程　　　　D. Web 编程

项目一

ABB RobotStudio 6.08 软件的安装与应用

 导言

　　为了提高机器人编程和测试的效率，并减少潜在的风险和成本，工业机器人编程仿真软件应运而生。这种软件允许工程师在虚拟环境中模拟机器人的运动和行为，以及与其他设备的交互。通过仿真软件，工程师能够快速设计、修改和优化机器人的编程，避免在实际生产中可能发生的问题。不同厂家开发了不同的编程仿真软件，性能各有千秋。本项目将介绍与 ABB 工业机器人配套的市场上离线编程的领先产品RobotStudio。

 学习目标

【知识目标】

1. 了解什么是离线编程与仿真技术；

2. 了解 RobotStudio 离线编程软件的安装方法；

3. 掌握使用软件界面和各菜单功能；

4. 掌握 ABB RobotStudio 6.08 软件的操作界面应用。

【技能目标】

1. 能复述 RobotStudio 软件各菜单的基本功能；

2. 通过查询资料完成学习任务，提高搜集资源的能力；

3. 通过完成学习任务，提高解决实际问题的能力。

【素养目标】
1. 树立进取意识、效率意识和规范意识；
2. 强化汇报沟通的能力；
3. 提高小组协同学习能力；
4. 增强自动自发、精益求精的精神。

项目描述

（1）完成 RobotStudio 6.08 软件安装与授权。

（2）初步认识 RobotStudio 6.08 软件界面的组成，学会打开界面、恢复 RobotStudio 6.08 默认界面的操作方法和简单的应用。

项目分析

本项目教程以 ABB 工业机器人离线编程仿真软件 RobotStudio 6.08 为对象，下载网址是：https://new.abb.com/cn。

认识 RobotStudio 6.08 软件界面是熟练操作该软件的基础。一些菜单或选项会因为当时缺乏可运行条件而呈现灰色（即当下不可操作状态）。当 RobotStudio 6.08 的操作窗口被意外关闭，无法找到对应的操作对象和查看相关信息时，有两种方式恢复默认的 RobotStudio 软件界面。

知识链接

关于 RobotStudio 的授权，在第一次正确安装 RobotStudio 后，软件提供 30 天的全功能高级版免费试用期。30 天以后，如果还未进行授权操作，则只能使用基本版的功能。

基本版：提供所选的 RobotStudio 功能，如配置、编程和运行虚拟控制器。还可以通过以太网对实际控制器进行编程、配置和监控等在线操作。

高级版：提供 RobotStudio 所有的离线编程功能和多工业机器人仿真功能。高级版中包含基本版中的所有功能。使用高级版需要进行软件激活。

如果已经从 ABB 获得 RobotStduio 的授权许可证，可以通过两种方式激活 RobotStudio 软件：单机许可证和网络许可证。单机许可证只能激活一台计算机的 RobotStudio 软件，而网络许可证可在一个局域网内建立一台网络许可证服务器，给局域网内的 RobotStudio 客户端进行授权许可，客户端的数量由网络许可证所允许的数量决定。在授权激活后，如果计算机系统出现问题并重新安装 RobotStudio，将会造成授权失效。在激活之前，应将计算机接入互联网，因为 RobotStudio 可以通过互联网进行激活，这样操作会便捷很多。

项目实施

1.做给你看

步骤	内容说明	图示
ABB RobotStudio 6.08 的安装		
1	下载 RobotStudio 6.08，在解压文件中找到 setup 文件，双击打开	setup
2	选择"中文（简体）"选项，单击"确定"按钮	ABB RobotStudio 6.08 - InstallShield Wizard 从下列选项中选择安装语言。 中文 (简体) 确定(O)　取消
3	单击"下一步"按钮	ABB RobotStudio 6.08 InstallShield Wizard ABB 欢迎使用 ABB RobotStudio 6.08 InstallShield Wizard InstallShield(R) Wizard 将要在您的计算机中安装 ABB RobotStudio 6.08。要继续，请单击"下一步"。 警告：本程序受版权法和国际条约的保护。 < 上一步(B)　下一步(N) >　取消
4	选择接受使用条款后单击"下一步"按钮	ABB RobotStudio 6.08 InstallShield Wizard 许可证协议 请仔细阅读下面的许可证协议。 ABB **END-USER LICENSE AGREEMENT** **ABB** IMPORTANT - READ CAREFULLY: This End-User License Agreement ("EULA") is a legal agreement between you (either an individual or a single entity) and ABB AB ("ABB") for the ABB product you are about to install, which may include computer software, controller software, associated media, printed materials and electronic documentation ("PRODUCT"). ◉ 我接受该许可证协议中的条款(A)　打印(P) ○ 我不接受该许可证协议中的条款(D) InstallShield < 上一步(B)　下一步(N) >　取消

步骤	内容说明	图示
5	单击"接受"按钮	
6	单击"下一步"按钮	
7	选择"完整安装"后，单击"下一步"按钮	
8	单击"安装"按钮	

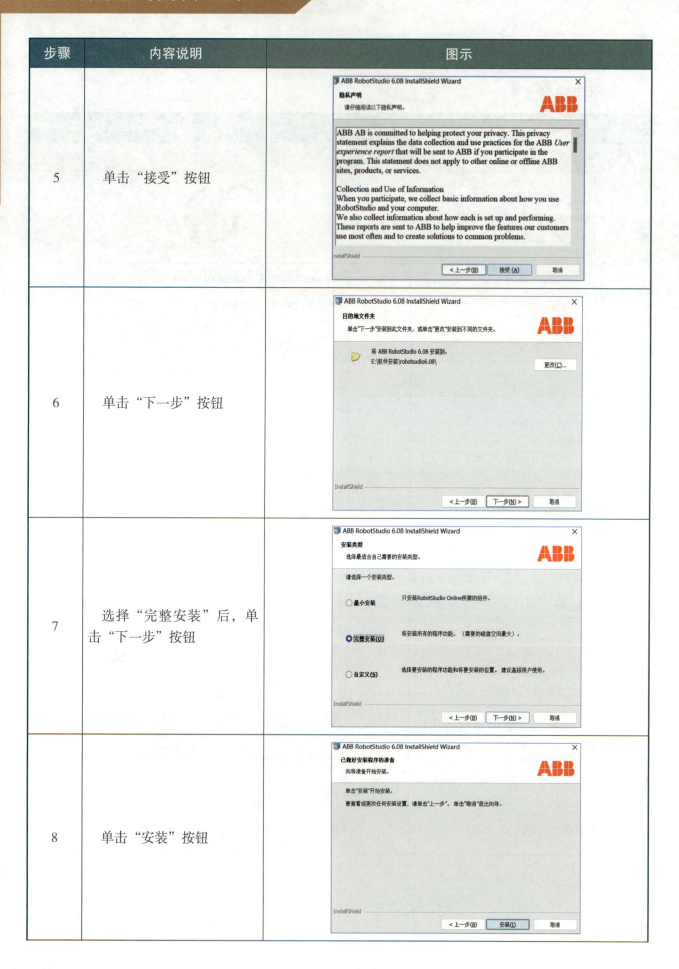

步骤	内容说明	图示
9	单击"完成"按钮	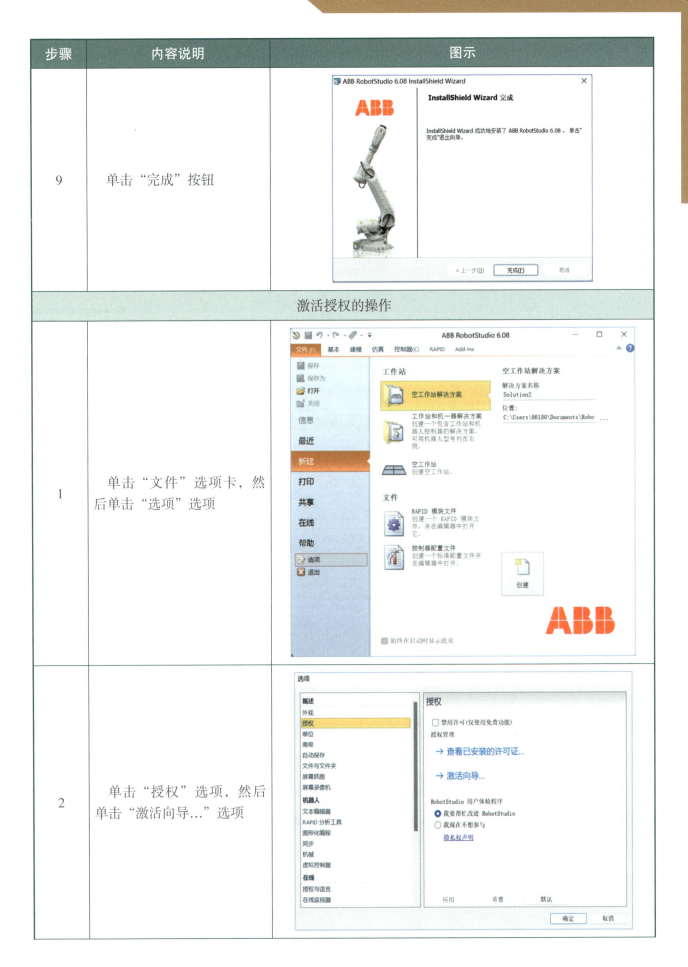
	激活授权的操作	
1	单击"文件"选项卡，然后单击"选项"选项	
2	单击"授权"选项，然后单击"激活向导…"选项	

步骤	内容说明	图示
3	根据授权许可选择"单机许可证"或"网络许可证"。单击"下一个"按钮，按指示即可完成激活	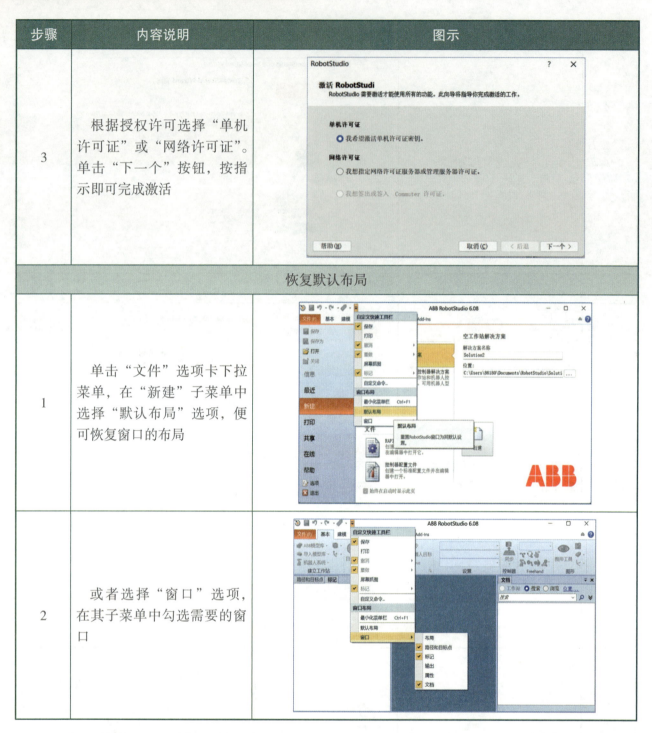
	恢复默认布局	
1	单击"文件"选项卡下拉菜单，在"新建"子菜单中选择"默认布局"选项，便可恢复窗口的布局	
2	或者选择"窗口"选项，在其子菜单中勾选需要的窗口	

2. 自己练练

参考以上步骤在自己的笔记本电脑或台式电脑上安装 RobotStudio 6.08 并激活它；熟悉 ABB RobotStudio 6.08 界面，练习界面恢复默认。

界面恢复默认

 **学习评价**

按任务实施评价表对本任务学习效果进行评价。

任务实施评价表

任务编号		任务名称					
考核板块	序号	考核点		分值标准	得分	学生评价	教师评价
一　职业素养	1	遵守上课纪律（不迟到、旷课、早退，违反一次扣2分）		20分			
	2	工位区域清洁，设备设施维护（未执行扣2分）					
	3	工作表现（参与度）具有团队意识（未执行扣2分）					
	4	严谨专注，精益求精，确保任务实施质量（未执行扣5分）					
二　知识技能	操作要求（未完成的每项扣5分）			50分			
	5	模拟安装软件					
	6	按要求打开7个选项卡					
	7	按要求恢复默认界面					
三　安全文明	操作纪律要求（违反每项扣10分）			30分			
	8	遵守实训场地纪律，服从老师安排					
	9	操作规范，符合安全要求					
	10	不擅自离开实训工位					
四　否定项	11	故意违反操作，损坏设备得0分					
考核总分（100分）							

练习题

一、填空题

1. 在第一次正确安装 RobotStudio 后，软件提供_____天的全功能高级版免费试用期。

2. 如果超出免费试用期还未进行授权操作，则只能使用_____版的功能。

3. RobotStduio 的授权许可证可以通过_____和_____两种方式激活。

4. RobotStudio 的软件应用具有离线编程功能和_____功能。

5. 单机许可证只能激活_____台计算机的 RobotStudio 软件。

二、判断题

1. 安装 RobotStudio 6.08 的计算机操作系统不得低于 Windows 8。　　　　　　　（　　　）

2. RobotStudio 6.08 在安装时必须联网安装。 （　　）

3. 在第一次正确安装 RobotStudio 6.08 后，软件提供 60 天的试用期。 （　　）

4. 当 RobotStudio 6.08 的操作窗口被意外关闭时，是不能恢复默认的。 （　　）

三、选择题

1. RobotStudio 6.08 是一款功能非常强大的（　　）软件。

A. 仿真　　　　　B. 建模　　　　　C. 图形　　　　　D. 动画

2. 在 RobotStudio 6.08 中，布局位于主界面（　　）的框架中。

A. 中间　　　　　B. 左侧　　　　　C. 右侧　　　　　D. 底部

3. RobotStudio 6.08 软件的界面窗口显示不包括（　　）。

A. 文件　　　　　B. 基本　　　　　C. 指令区　　　　　D. 建模

4. 在安装 RobotStudio 时，可以在安装程序中选择（　　）。

A. 记号　　　　　B. 符号　　　　　C. 语言　　　　　D. 图案

5. 可以登录 ABB 官方网站，查找并下载更新包，按照说明进行（　　）和配置。

A. 安装　　　　　B. 设置　　　　　C. 修改　　　　　D. 编程

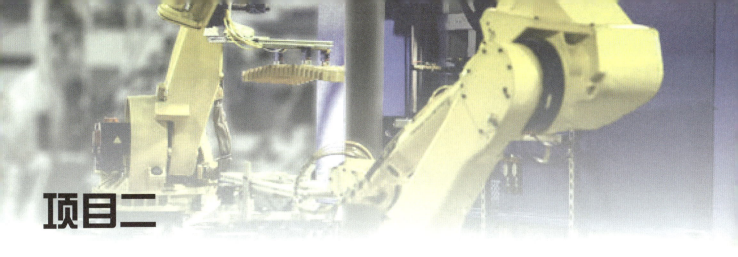

项目二

工业机器人基本仿真工作站的创建

 导言

工业机器人基本仿真工作站的创建主要包括：工业机器人模型的选择和导入；工业机器人周边模型的放置；工业机器人系统的建立与手动操作；工作站系统模型的创建；工作站系统工具的创建。工业机器人典型应用工作站的创建流程与基本工作站的创建流程是一样的，但比基本工作站复杂。

 学习目标

【知识目标】

1. 了解工业机器人模型的选择和导入方法；
2. 了解工业机器人周边模型放置的方法；
3. 了解工业机器人系统建立的方法；
4. 了解工业机器人手动操作的方法；
5. 了解工业机器人系统模型的创建方法；
6. 了解工业机器人系统工具的创建方法。

【技能目标】

1. 综合运用知识，创建一个工业机器人基本仿真工作站；
2. 通过查询资料完成学习任务，提高搜集资源的能力；
3. 通过填写报表，提高制作分析报表的能力；
4. 通过完成学习任务，提高解决实际问题的能力。

【素养目标】

1. 树立进取意识、效率意识和规范意识；

2. 增强不怕困难的勇气；

3. 强化汇报沟通的能力；

4. 提高小组协同学习能力；

5. 增强自动自发、精益求精的精神。

任务 1　工业机器人模型的选择和导入

任务描述

创建工业机器人基本仿真工作站，首先要选定与工作载荷匹配的机器人型号，然后在离线编程软件中将工业机器人模型导入新建的工作站。

工业机器人模型
选择和导入

任务分析

在实际应用中，要根据机器人载荷、工作环境、安全防护等级等方面的具体要求，选定机器人的型号、承重能力及到达距离等。每种机器人的参数可以参考随机光盘。本项目任务使用的机器人型号为 IRB 2600。

知识链接

在 ABB RobotStudio 6.08 软件中提供了丰富的机器人模型供使用，在创建工作站的过程中可以直接从模型库中调入相适应的模型。过程中要注意机器人周边模型导入完成后，模型位置不一定符合要求，因此还需要进一步调整，将模型放置在机器人的工作区域范围之内。

任务实施

工业机器人模型的选择和导入

1. 做给你看

步骤	内容说明	图示
1. 创建新工作站	在"文件"选项卡中,单击"新建"选项,选择"空工作站",单击"创建"按钮	
2. 导入机器人模型	在"基本"选项卡中,单击"ABB模型库"选项,选择"IRB 2600"后选择机器人载荷容量和到达距离,单击"确定"按钮完成导入	
3. 导入完成	导入完成效果	

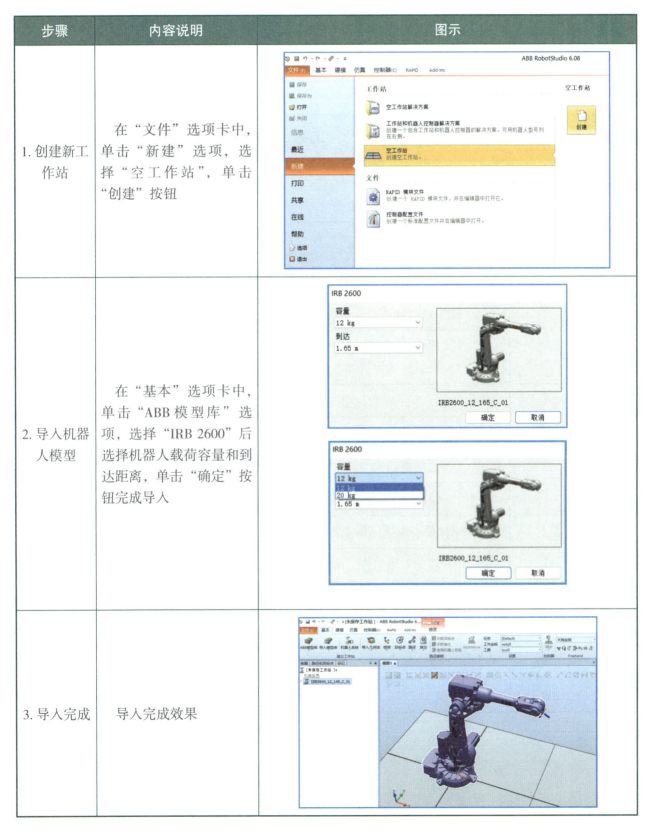

2. 你来练练

按照"做给你看"所示操作步骤完成"工业机器人模型的选择和导入"任务。

 学习评价

按任务实施评价表对本任务学习效果进行评价。

任务实施评价表

任务编号		任务名称					
考核板块	序号	考核点		分值标准	得分	学生评价	教师评价
一 职业素养	1	遵守上课纪律（不迟到、旷课、早退，违反一次扣2分）		40分			
	2	工位区域清洁，设备设施维护（未执行扣2分）					
	3	工作表现（参与度）具有团队意识（未执行扣2分）					
	4	严谨专注，精益求精，确保任务实施质量（未执行扣5分）					
二 知识技能	操作要求（未完成的每项扣10分）			30分			
	5	按要求新建空工作站					
	6	选用机器人与要求相符					
	7	设置相关参数与要求相符					
三 安全文明	操作纪律要求（违反每项扣10分）			30分			
	8	遵守考场纪律，服从老师安排					
	9	操作规范，符合安全要求					
	10	不擅自离开考核工位					
四 否定项	11	故意违反操作，损坏设备得0分					
考核总分（100分）							

任务拓展

工业机器人工具的安装与拆除

根据工作要求，安装机器人所需的工具、夹具或末端执行器等。工作完毕，可以卸下机器人上的工具、夹具或末端执行器，需要按照正确的程序进行操作。拆除后的工具自动复原到导入位置。如果需要删除该工具，则在左侧"布局"栏中右击该工具，在弹出的菜单中选择"删除"命令即可。

工业机器人工具的安装与拆除

1. 做给你看

步骤	内容说明	图示
1. 导入工具	在"基本"选项卡中，单击"导入模型库"选项，然后选择"设备"选项，即选择要导入的工具。本任务中的工具可以选用"AW Gun PSF 25"	
2. 安装工具	（1）拖移安装法：在左侧"布局"栏中，单击选中"AW Gun PSF 25"并按住鼠标左键，将其拖到"IRB2600 12 165 01"上松开，在弹出的"更新位置"框中，单击"是（Y）"按钮即可完成工具安装	

步骤	内容说明	图示
2. 安装工具	（2）右键安装法：在左侧"布局"栏中，右键单击"AW Gun PSF 25"，在弹出的菜单中选择"安装到"→"IRB2600 12 165 01"选项，在弹出的"更新位置"对话框单击"是（Y）"按钮即可完成工具安装	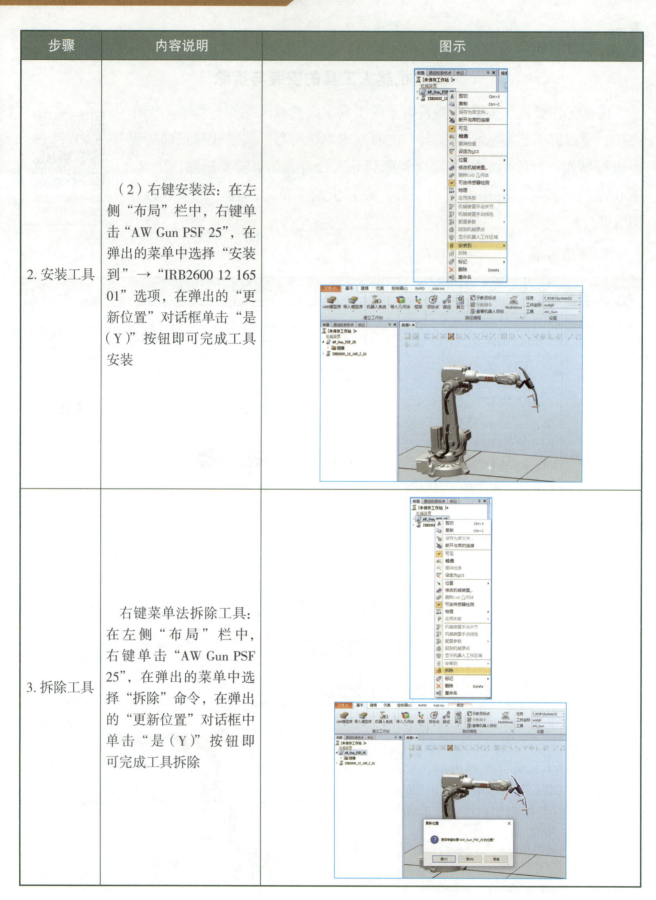
3. 拆除工具	右键菜单法拆除工具：在左侧"布局"栏中，右键单击"AW Gun PSF 25"，在弹出的菜单中选择"拆除"命令，在弹出的"更新位置"对话框中单击"是（Y）"按钮即可完成工具拆除	

2. 你来练练

按照"做给你看"所示操作步骤完成"工业机器人工具的安装与拆除"。

任务 2　工业机器人周边模型的放置

 任务描述

工业机器人周边模型的放置是指在工业生产线上，为了提高机器人的稳定性、生产效率和安全性而配置的一些辅助设备、配件或组件。这些设备、配件或组件主要用于支持工业机器人工作，如提供电源、数据传输、气源、冷却系统、工具夹持、监控与控制等功能。本任务包括：导入周边模型，利用 Freehand 工具栏操作周边模型，摆放周边模型。

 任务分析

放置周边模型可以帮助工业机器人更好地完成生产任务，并且能够在一定程度上减少人工干预，降低生产成本和提高生产效率。在工业机器人周边模型的放置过程中，需要注意设备的布局，选择合适的组件、配件以及保持设备的维护保养等因素，以保证生产线的平稳运行和机器人的长期稳定工作。RobotStudio 6.08 提供了丰富的机器人周边工具模型供使用，在创建工作站的过程中可以直接从模型库中调入相应的模型。本任务介绍如何导入并摆放周边工具模型。

工业机器人周边
模型的放置

 知识链接

2.2.1　导入机器人周边模型

打开本项目任务 1 所建的工作站，在"基本"选项卡中，单击"导入模型库"选项，选择"设备"选项，即可选择设备。在本任务中选择设备"propeller table"，也就是一个带螺旋桨的特殊桌子。导入完成后如图 2-1 所示。

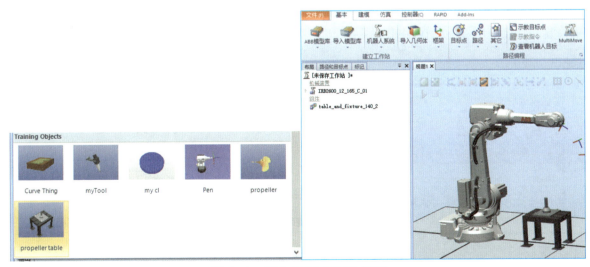

图 2-1　导入机器人周边模型

2.2.2　利用 Freehand 工具栏操作周边模型

机器人周边模型导入完成后，其位置不一定符合要求，因此还需要进一步调整，将其放置在机器人的工作区域范围之内。

1. 显示机器人工作区域

在左侧"布局"栏中，右键单击"IRB2600"，在下拉列表中选择"显示机器人工作区域"选项，图 2-2 中白色曲线构成的封闭区域即机器人工作区域。为使机器人能顺畅工作，工作对象应调整到机器人的最佳工作范围。

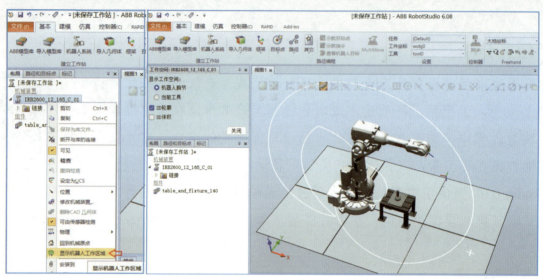

图 2-2　显示机器人工作区域

2. 利用 Freehand 工具操作模型

（1）选择坐标系统。利用 Freehand 工具移动"propeller table"，在移动前要先根据操作需要选择合适的坐标系统，如图 2-3 所示。Freehand 有三种操作方式：移动、旋转、手动关节，如图 2-4 所示。

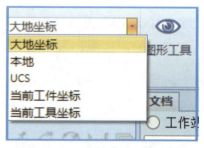

图 2-3　选择参考坐标系

图 2-4　Freehand 多种操作方式

（2）Freehand 移动模型。选择大地坐标，然后选择部件，单击"Freehand"选项组中的"移动"按钮，选取要移动的部件"propeller table"（出现移动坐标系），此时拖动箭头即可移动部件"propeller table"。部件沿 X（红色）、Y（绿色）、Z（蓝色）方向移动的过程如图 2-5 所示。

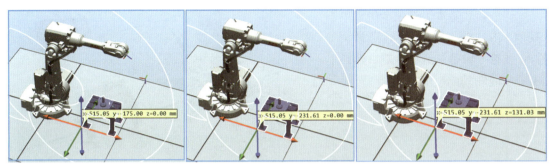

图 2-5　部件沿 X、Y、Z 方向移动的过程

（3）Freehand 旋转模型。选择本地坐标，然后选择部件，单击"Freehand"选项组中的"旋转"按钮，选取要旋转的部件"propeller table"（出现旋转坐标系），拖动箭头即可旋转部件"propeller table"。部件绕 X（红色）、Y（绿色）、Z（蓝色）方向旋转的过程如图 2-6 所示。

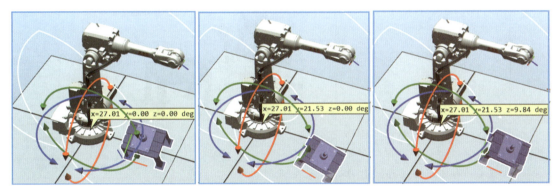

图 2-6　部件绕 X、Y、Z 方向旋转的过程

 任务实施

1. 做给你看：工业机器人周边模型的放置

（1）导入其他部件。部件 propeller table 导入完成并调整位置后，可以继续导入其他相关部件。在"基本"选项卡中，单击"导入模型库"选项，选择浏览"设备"选项，然后选择部件 Curve_thing。

（2）放置周边模型。为便于创建机器人轨迹，需将部件 Curve_thing 放置在部件 propeller table 上。在 RobotStudio 中放置部件的方法有一点法、两点法、三点法、框架法、两个框架法。这里主要介绍两点法。

工业机器人周边
模型的导入

步骤	内容说明	图示
1. 导入其他部件	在"基本"选项卡中，单击"导入模型库"，选择浏览"设备"选项，然后选择部件 Curve_thing	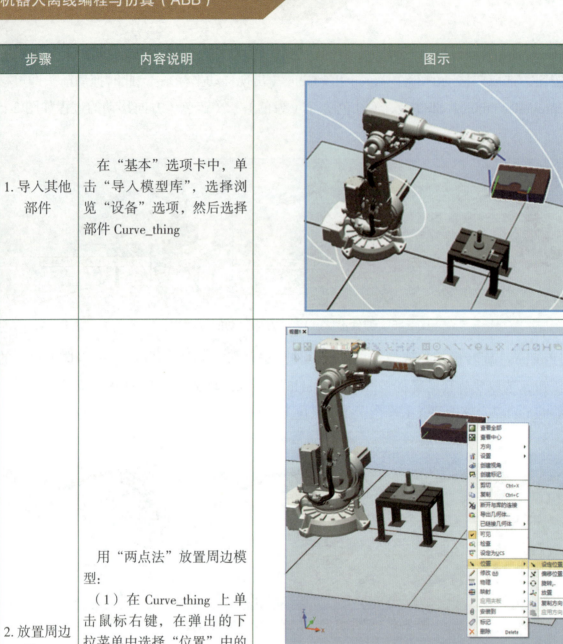
2. 放置周边模型	用"两点法"放置周边模型： （1）在 Curve_thing 上单击鼠标右键，在弹出的下拉菜单中选择"位置"中的"设定位置"选项，在打开的设定位置对话框中将 X、Y、Z 三个方向的角度都设为 0	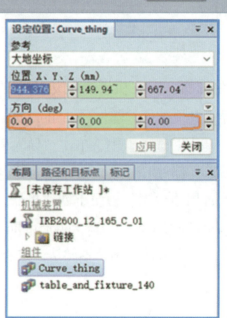

步骤	内容说明	图示
2.放置周边模型	（2）在 Curve_thing 上单击鼠标右键，在弹出的下拉菜单中选择"放置"中的"两点法"	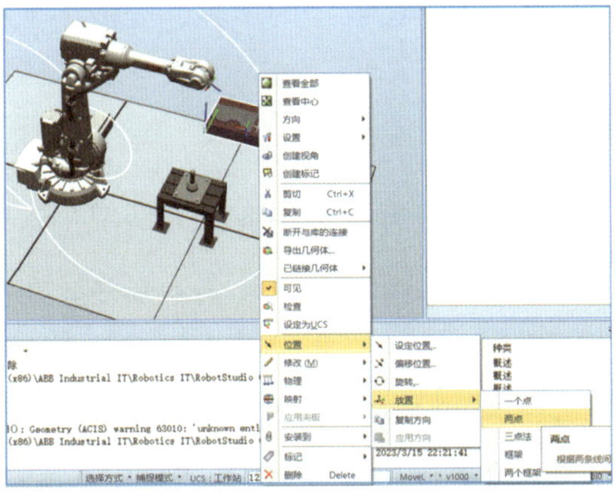
	（3）选择捕捉方式和捕捉工具，选中"选择部件"和"捕捉末端"	
	（4）在左上方"放置对象：Curve_thing"输入框中，单击"主点－从"的第一个坐标框，选中第一点，单击鼠标左键	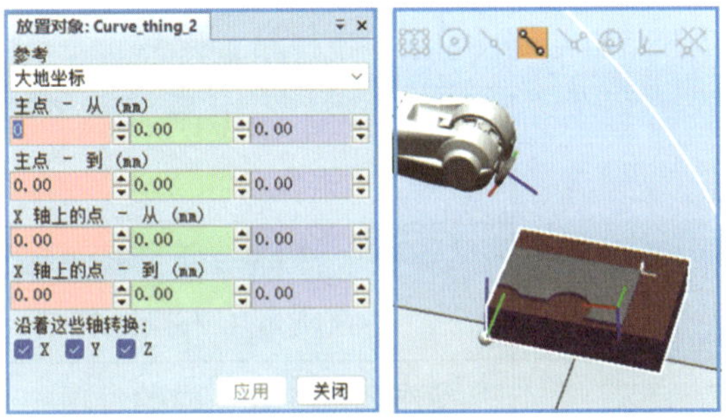
	（5）选择其余放置点。第一个点确定之后，再依次选中第二、三、四点，单击后，对应点的坐标值显示于坐标框中，单击"应用"按钮即可完成放置	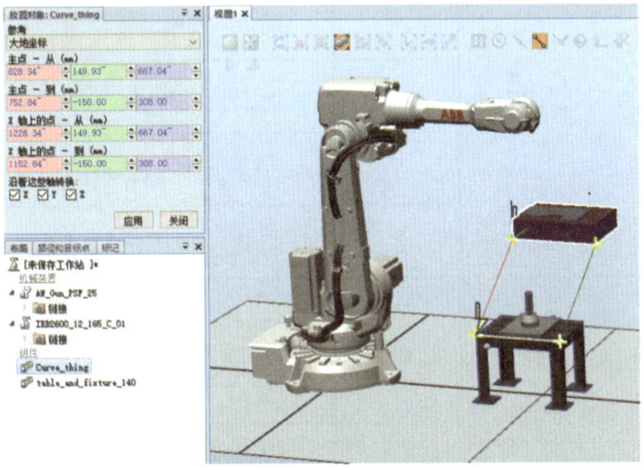
	（6）放置完成。部件 Curve_thing 放置到部件 propeller table 上的效果如右图所示	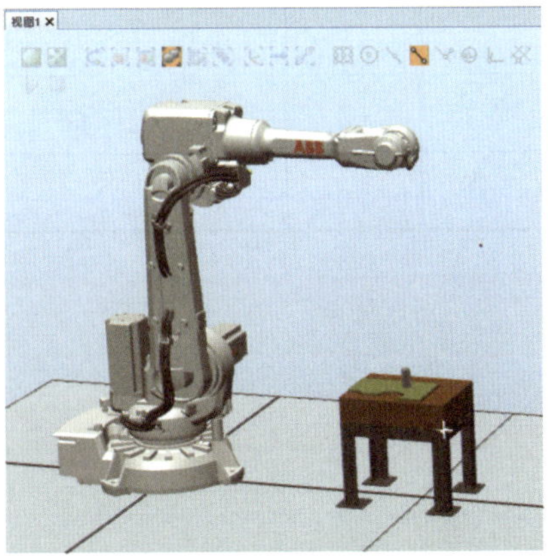

2. 你来练练

参考以上"做给你看"的步骤，完成工业机器人周边模型的放置。

 ## 学习评价

按任务实施评价表对本任务学习情况进行评价。

任务实施评价表

任务编号		任务名称					
考核板块	序号	考核点		分值标准	得分	学生评价	教师评价
一 职业素养	1	遵守上课纪律（不迟到、旷课、早退，违反一次扣2分）		30分			
	2	工位区域清洁，设备设施维护（未执行扣2分）					
	3	工作表现（参与度）具有团队意识（未执行扣2分）					
	4	严谨专注，精益求精，确保任务实施质量（未执行扣5分）					
二 知识技能		操作要求（未完成的每项扣10分）		40分			
	5	按要求新建空工作站					
	6	选用机器人与要求相符					
	7	完成"propeller table"导入					
	8	以两点法完成Curve_thing放置					
三 安全文明		操作纪律要求（违反每项扣10分）		30分			
	9	遵守实训场地纪律，服从老师安排					
	10	操作规范，符合安全要求					
	11	不擅自离开实训工位					
四 否定项	12	故意违反操作，损坏设备得0分					
考核总分（100分）							

任务拓展

2.2.3 周边模型的放置方式：框架法

在创建工作站时，可以根据所导入模型的结构选择合适的放置方法，本拓展部分介绍用"框架法"放置模型。

步骤	内容说明	图示
1. 创建框架	（1）在"基本"选项卡中，单击"框架"按钮，选择创建框架	
	（2）单击"创建框架"中"框架位置"的第一个坐标框，选中"选择部件"和"捕捉末端"	
	（3）单击选择 propeller table 的一个角点，即确定了框架位置	
	（4）单击"创建框架"中的"创建"按钮，即可完成框架的创建	

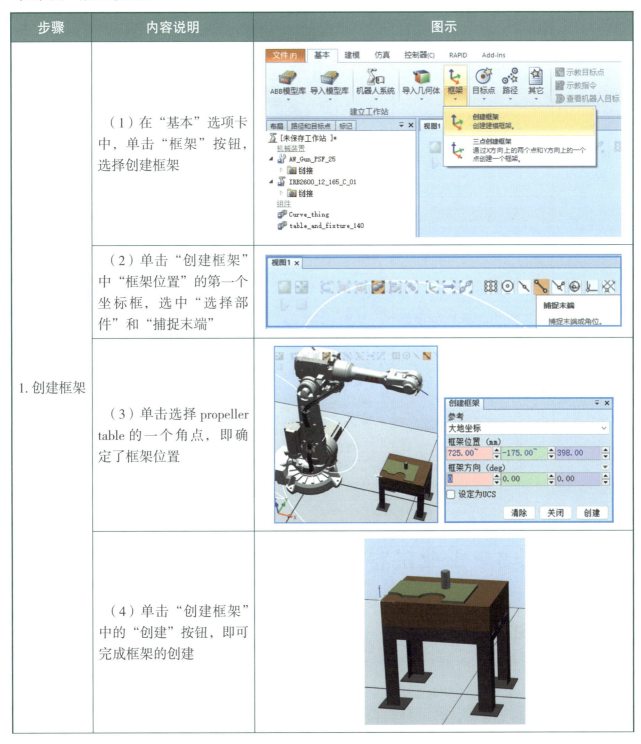

步骤	内容说明	图示
2. 放置周边模型	（1）用"框架法"：在 Curve_thing 上单击鼠标右键，在下拉列表中选择放置中的框架	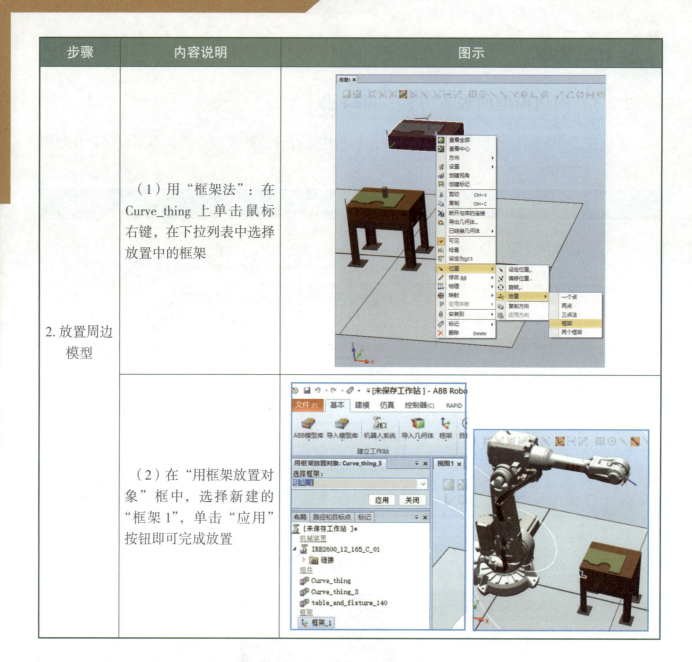
	（2）在"用框架放置对象"框中，选择新建的"框架 1"，单击"应用"按钮即可完成放置	

任务 3 工业机器人系统的建立与手动操作

 **任务描述**

　　工业机器人系统是机器人控制器上运行的软件，它由连接在计算机上机器人的特定 RobotWare 部分、配置文件和 RAPID 程序组成。工业机器人基本仿真工作站创建完成，相当于人有了躯体，为其建立系统相当于赋予其灵魂或思想。

任务分析

　　导入的模型放置完成后，工业机器人的基本仿真工作站就创建完成了。工作站创建完成后，如果没有为机器人创建系统，机器人就无法进行运动和相应仿真。因此，还需要创建机器人系统。

工业机器人系统
建立

知识链接

2.3.1　创建机器人系统

1.创建系统的基本方法

机器人系统的建立主要有三种方法。

（1）从布局：根据工作站布局创建系统。

（2）新建系统：为工作站创建新的系统。

（3）已有系统：为工作站添加已有的系统。

2.创建机器人系统

在本任务中，选择第一种方法创建机器人系统。具体流程如下：

（1）首先，在"基本"选项卡中，单击"机器人系统"选项，在下拉菜单中选择"从布局"选项，如图2-7所示。

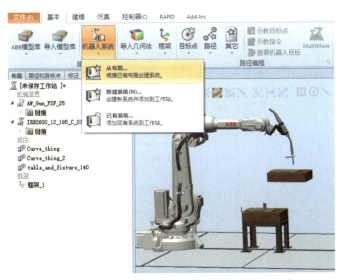

图2-7　选择"从布局"创建机器人系统

　　🖉：此时创建的系统名字，以后将无法修改，建议系统命名时采用功能＋日期的命名方式，以方便后续使用。

　　（2）在"从布局创建系统"对话框中，设置所创建的系统名字和保存位置。如果安装了不同版本的系统，则在此可以选择相应版本的RobotWare，如图2-8所示。

（3）系统名字和保存路径设置完成后，单击"下一个"按钮，再单击"选择系统的机械装置"选项，勾选所创建的机械装置"IRB2600_12_165_C_01"复选框，然后单击"下一个"按钮，如图2-9所示。

图2-8　设置创建的机器人系统相关参数　　　图2-9　选择系统的机械装置

（4）在"系统选项"中配置系统参数，如图2-10所示，单击"选项"按钮，在弹出的"更改选项"对话框中根据需求进行相应的设置（如语言、驱动模式等），如图2-11~图2-14所示，设置完成后单击"关闭"按钮，然后单击"完成"按钮即可完成系统的创建。

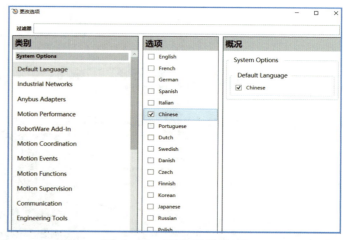

图2-10　系统选项　　　图2-11　更改系统选项

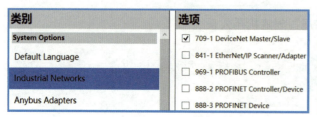

图2-12　更改"Industrial Networks"为"709-1 DeviceNet Master/Slave"选项　　　图2-13　更改"Anybus Adapters"为"804-2 PROFIBUS Anybus Device"选项

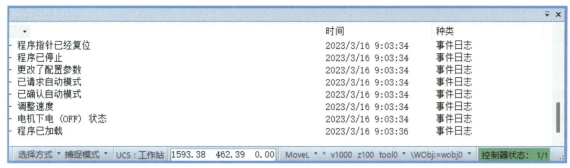

<table>
<tr><td></td><td>时间</td><td>种类</td></tr>
<tr><td>程序指针已经复位</td><td>2023/3/16 9:03:34</td><td>事件日志</td></tr>
<tr><td>程序已停止</td><td>2023/3/16 9:03:34</td><td>事件日志</td></tr>
<tr><td>更改了配置参数</td><td>2023/3/16 9:03:34</td><td>事件日志</td></tr>
<tr><td>已请求自动模式</td><td>2023/3/16 9:03:34</td><td>事件日志</td></tr>
<tr><td>已确认自动模式</td><td>2023/3/16 9:03:34</td><td>事件日志</td></tr>
<tr><td>调整速度</td><td>2023/3/16 9:03:34</td><td>事件日志</td></tr>
<tr><td>电机下电（OFF）状态</td><td>2023/3/16 9:03:34</td><td>事件日志</td></tr>
<tr><td>程序已加载</td><td>2023/3/16 9:03:36</td><td>事件日志</td></tr>
</table>

选择方式 ▾ 捕捉模式 ▾ UCS：工作站 1593.38 462.39 0.00 MoveL * * v1000 z100 tool0 ▾ \WObj:=wobj0 ▾ 控制器状态： 1/1

图 2-14　系统创建完成并启动运行

2.3.2　工业机器人手动操作

工业机器人手动操作方法主要有手动关节、手动线性、手动重定位三种运动模式，该模式也称为直接拖动控制方式。相关操作在"基本"选项卡"Freehand"中有快捷图标。

1. 手动关节运动

工作站中所使用的机器人是 IRB 2600 型，该机器人拥有 6 个自由度。在手动关节运动模式下，可以独立操控每个轴。首先选择"基本"选项卡中 Freehand 的"手动关节运动模式"，然后选择要运动的机器人轴，拖动鼠标即可手动操作机器人相应的关节旋转。轴 4~6 的手动关节运动，读者可自行操作练习。

2. 手动线性运动

手动关节运动方式是对机器人的关节轴进行独立操作，机器人末端工具的运动轨迹不一定是直线轨迹。但是在实际操作调整过程中，经常需要机器人末端工具沿某条直线进行运动。手动线性运动与手动关节运动时机器人末端工具的运动轨迹是不同的，此时机器人末端轨迹是直线。

3. 手动重定位运动

机器人重定位运动是指机器人第六轴法兰盘上的 TCP 点在空间绕工具坐标系旋转的运动，也可以理解为机器人绕 TCP 点做姿态调整的运动。

对于手动线性、手动重定位坐标系的设置，根据需要亦可设为大地坐标或当前工具坐标等，读者可变换坐标参数，观察坐标框架的不同。

注：TCP 在工业机器人领域中代表"工具中心点"（Tool Center Point）。工业机器人的 TCP 是指机器人末端执行器工具的几何中心点，它定义了机器人执行器的坐标系原点。工具中心点的位置对于机器人运动和操作的精确性非常重要。通过准确定位和控制 TCP，机器人可以进行精确的操作，例如在加工、装配或搬运中定位物体。

任务实施

1. 做给你看

步骤	内容说明	图示
1. 手动关节运动	（1）选择"基本"选项卡中 Freehand 的"手动关节运动模式"，然后选择要运动的机器人轴，拖动鼠标即可手动操作机器人相应的关节旋转，右图为第一关节运动	
	（2）选"基本"选项卡中 Freehand 的"手动关节运动模式"，然后选择第二关节，拖动鼠标即可旋转第二关节	
	（3）选"基本"选项卡中 Freehand 的"手动关节运动模式"，然后选择第三关节，拖动鼠标即可旋转第三关节	

步骤	内容说明	图示
2. 手动线性运动	（1）选择"基本"选项卡中 Freehand 的"手动线性"	
	（2）拖动机器人末端工具处的坐标箭头沿 X、Y、Z 方向运动。（仅图示 X、Y 方向）	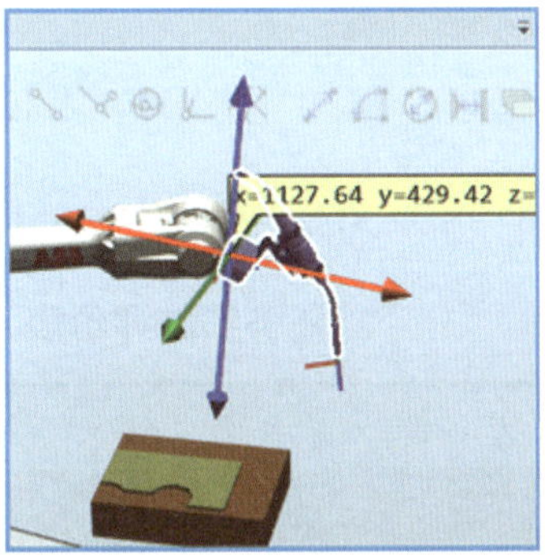 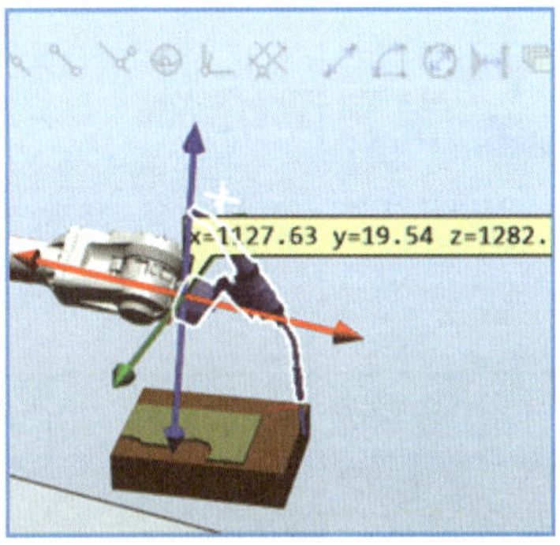
3. 手动重定位运动	（1）机器人重定位运动之前要设置好相关的参数，然后选择"基本"选项卡中 Freehand 的"手动重定位"	
	（2）拖动机器人末端工具处的坐标箭头分别沿 X、Y、Z 轴转动，完成机器人的手动重定位，右图为绕 X 轴重定位	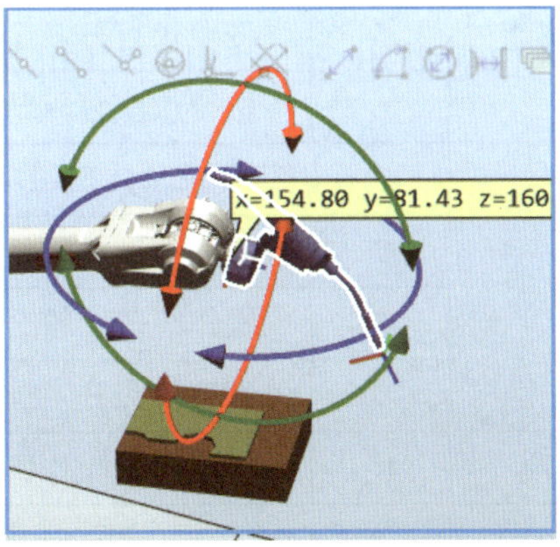

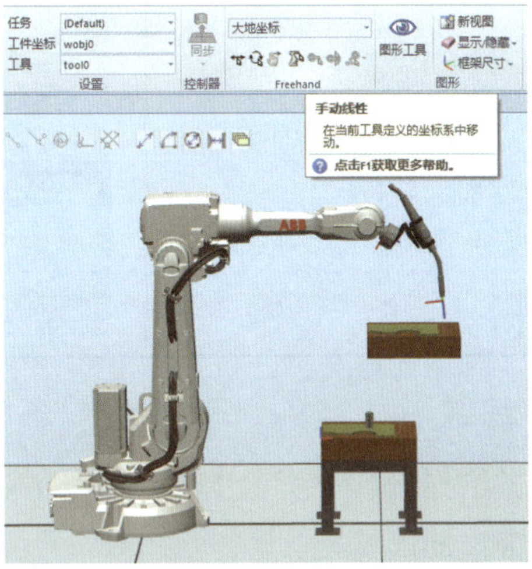

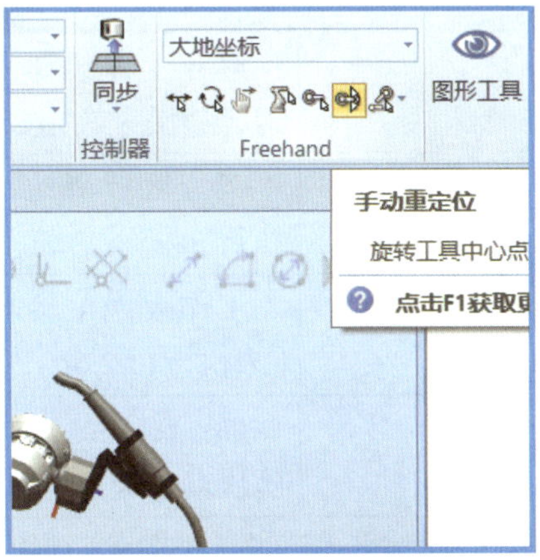

步骤	内容说明	图示
3. 手动重定位运动	（3）右图分别为绕 Y、Z 轴重定位	

2. 你来练练

参考"做给你看"中所示步骤，练习工业机器人手动操作——手动关节、手动线性、手动重定位三种运动。

 学习评价

运用任务实施评价表对本任务学习情况进行评价。

任务实施评价表

任务编号			任务名称				
考核板块		序号	考核点	分值标准	得分	学生评价	教师评价
一	职业素养	1	遵守上课纪律（不迟到、旷课、早退，违反一次扣2分）	20分			
		2	工位区域清洁，设备设施维护（未执行扣2分）				
		3	工作表现（参与度）具有团队意识（未执行扣2分）				
		4	严谨专注，精益求精，确保任务实施质量（未执行扣5分）				
二	知识技能		操作要求（未完成的每项扣5分）	50分			
		5	按要求打开7个选项卡				
		6	按要求恢复默认界面				
三	安全文明		操作纪律要求（违反每项扣10分）	30分			
		7	遵守实训场地纪律，服从老师安排				
		8	操作规范，符合安全要求				
		9	不擅自离开实训工位				
四	否定项	10	故意违反操作，损坏设备得0分				
考核总分（100分）							

任务拓展

工业机器人手动精确操作

工业机器人手动操作主要有手动关节、手动线性、手动重定位三种方式，但这三种方式均无法控制机器人的精准位置。机器人的精准定位可以由精确手动控制方式来实现。

精确手动控制方式根据运动方式不同分为机械装置手动关节和机械装置手动线性两种。实现机器人的精准定位，是精确手动控制方式与直接拖动控制方式的本质区别。

步骤	内容说明	图示
1.机械装置手动关节运动	（1）在"基本"选项卡左侧"布局"栏中，用鼠标右键单击"IRB2600_12_165_C_01"，选择"机械装置手动关节"选项	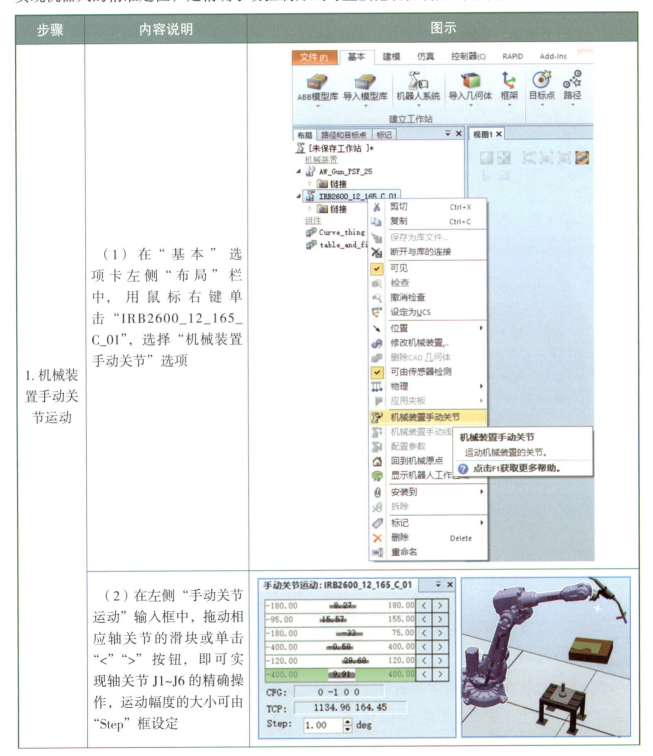
	（2）在左侧"手动关节运动"输入框中，拖动相应轴关节的滑块或单击"<""">"按钮，即可实现轴关节J1~J6的精确操作，运动幅度的大小可由"Step"框设定	

步骤	内容说明	图示
2. 机械装置手动线性运动	（1）在"基本"选项卡左侧"布局"栏中右击"IRB2600_12_165_C_01"，选择"机械装置手动线性"选项	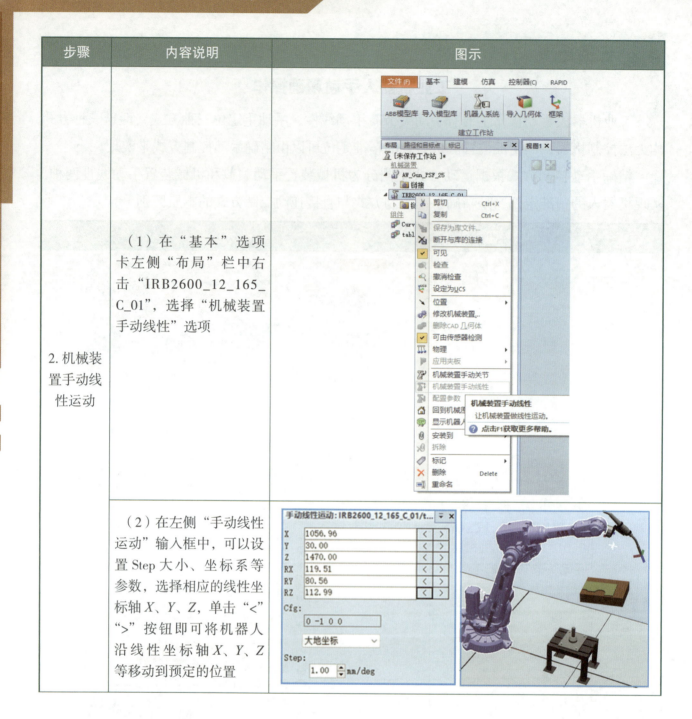
	（2）在左侧"手动线性运动"输入框中，可以设置 Step 大小、坐标系等参数，选择相应的线性坐标轴 X、Y、Z，单击"<""">"按钮即可将机器人沿线性坐标轴 X、Y、Z 等移动到预定的位置	

任务 4 工作站系统模型的创建

 任务描述

　　工业机器人离线编程软件具有建模功能，可以利用离线编程软件对工业机器人工作站创建各类固体、表面及曲线；创建 Smart 组件；实施交叉、减去、拉伸等 CAD 操作。本任务主要利用离线编程软件创建三维模型并进行参数设置。（教学课件：建模功能的使用）

任务分析

使用 RobotStudio 进行机器人的仿真验证时，如果工作站机器人的节拍、到达能力等对周边模型要求不高，可以使用简单的等同实际大小的基本模型进行代替，从而节省仿真验证的时间，提高工作效率。

在实际应用中，需要根据具体的工作任务来创建工作站及其所用模型。一般情况下，RobotStudio 自带的模型都无法满足需求，因此需要使用 RobotStudio 的建模功能创建工作站所需的三维模型。

 知识链接

2.4.1　RobotStudio 6.08 建模基本功能

RobotStudio 6.08 建模功能主要可以实现：创建各类型固体、表面及曲线；创建 Smart 组件；交叉、减去、结合、拉伸等 CAD 操作。同时，为保证所建模型或工作站能够完全满足需求，建模功能还提供了模型测量功能。

建模功能中的创建机械装置、创建工具功能为创建复杂任务工作站并实现离线编程和仿真提供便捷。RobotStudio 6.08"建模"选项卡窗口如图 2-15 所示。

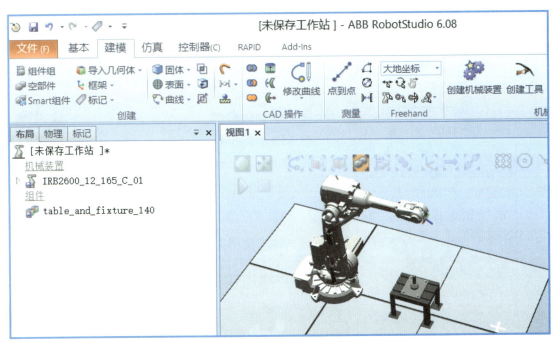

图 2-15　RobotStudio 6.08"建模"选项卡窗口

任务实施

1. 做给你看

（1）创建三维模型。

小任务	步骤及说明	图示
1. 创建矩形体	（1）单击"建模"选项卡，创建一个新的空工作站。 （2）单击"基本"选项卡，导入模型库→设备，通过浏览找到所要的设备 table_and_fixture_140，单击"导入工作站"选项	视图1
	（3）单击"建模"选项卡，选择"固体"→"矩形体"菜单命令，按照 Propeller Table 的参数长度（400 mm）、宽度（300 mm）、高度（304 mm）设定新建固体的参数，单击"创建"按钮，完成矩形体的创建（图中矩形体已移动）	

小任务	步骤及说明	图示
2. 创建圆柱体	单击"建模"选项卡,选择"固体"→"圆柱体"菜单命令,按 Propeller Table 立柱的参数直径(50 mm)、高度(150 mm)设定圆柱体参数,然后单击"创建"按钮,完成圆柱体的创建(图中圆柱体已移动)	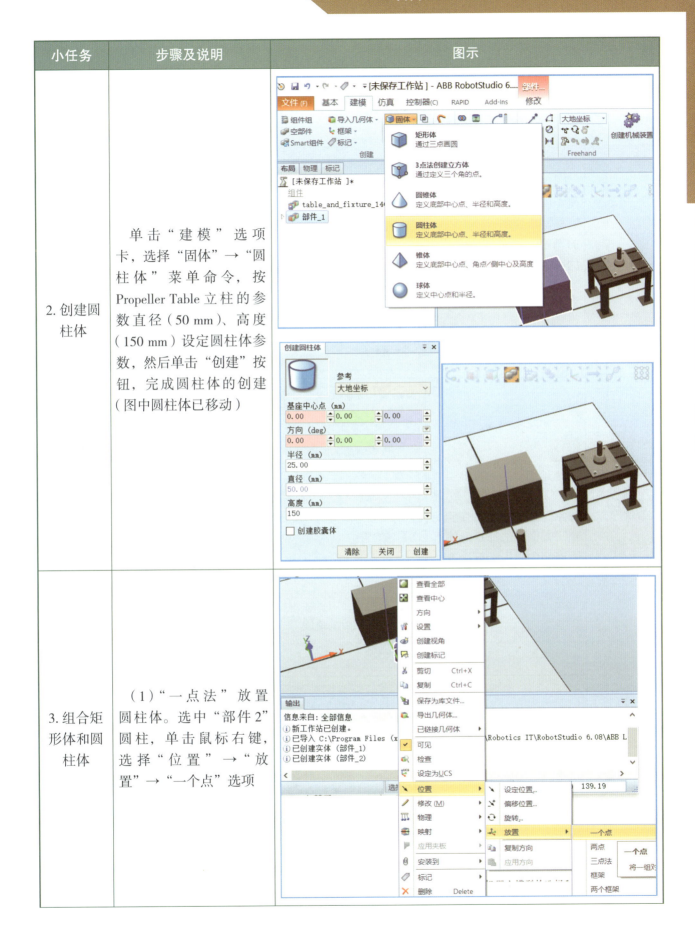
3. 组合矩形体和圆柱体	(1)"一点法"放置圆柱体。选中"部件2"圆柱,单击鼠标右键,选择"位置"→"放置"→"一个点"选项	

小任务	步骤及说明	图示
3.组合矩形体和圆柱体	（2）单击左侧"放置对象"选项中的"主点－从"方框，选择圆柱体下表面的圆心，完成"一个点"的选择	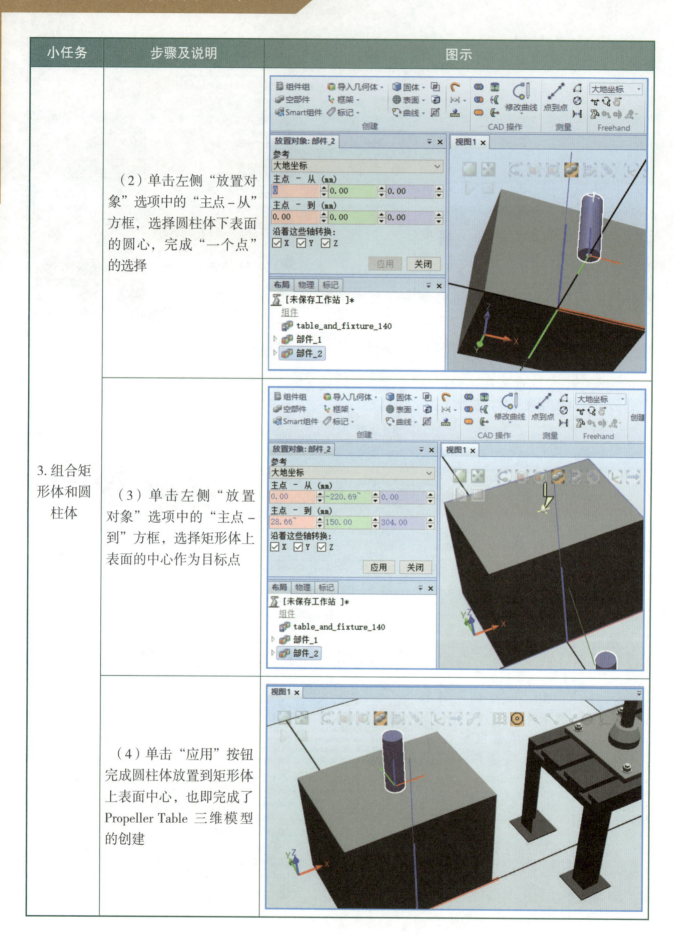
	（3）单击左侧"放置对象"选项中的"主点－到"方框，选择矩形体上表面的中心作为目标点	
	（4）单击"应用"按钮完成圆柱体放置到矩形体上表面中心，也即完成了 Propeller Table 三维模型的创建	

（2）设置三维模型的相关参数。

小任务	步骤及说明	图示
1. 设置三维模型参数	选择所创建的 Propeller Table 三维模型中的矩形体，单击鼠标右键，选择"修改"选项，可以对其进行颜色、显示、本地原点等相关参数的设置	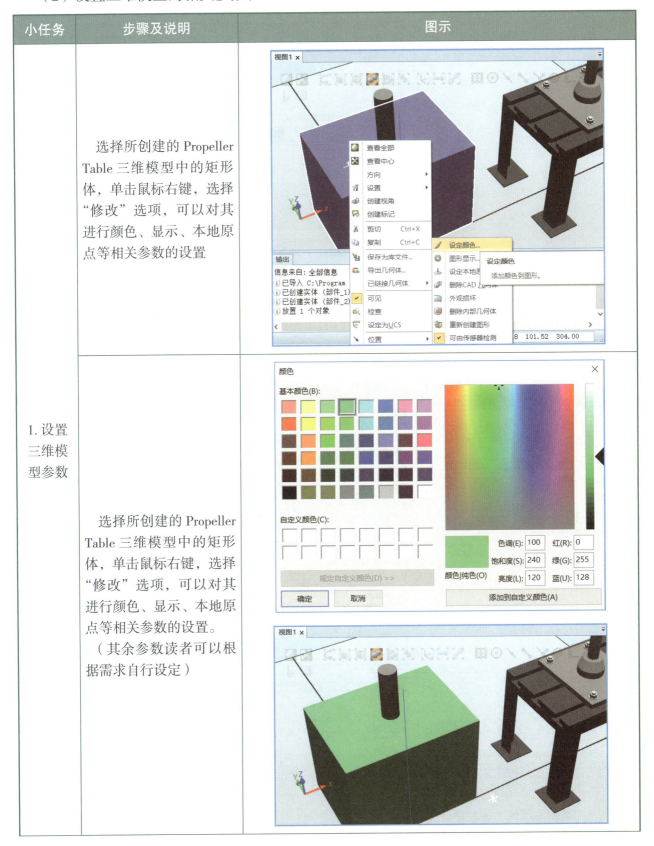
	选择所创建的 Propeller Table 三维模型中的矩形体，单击鼠标右键，选择"修改"选项，可以对其进行颜色、显示、本地原点等相关参数的设置。 （其余参数读者可以根据需求自行设定）	

小任务	步骤及说明	图示
2. 三维模型的组合	（1）选择"建模"选项卡，单击"CAD 操作"中的"结合"选项	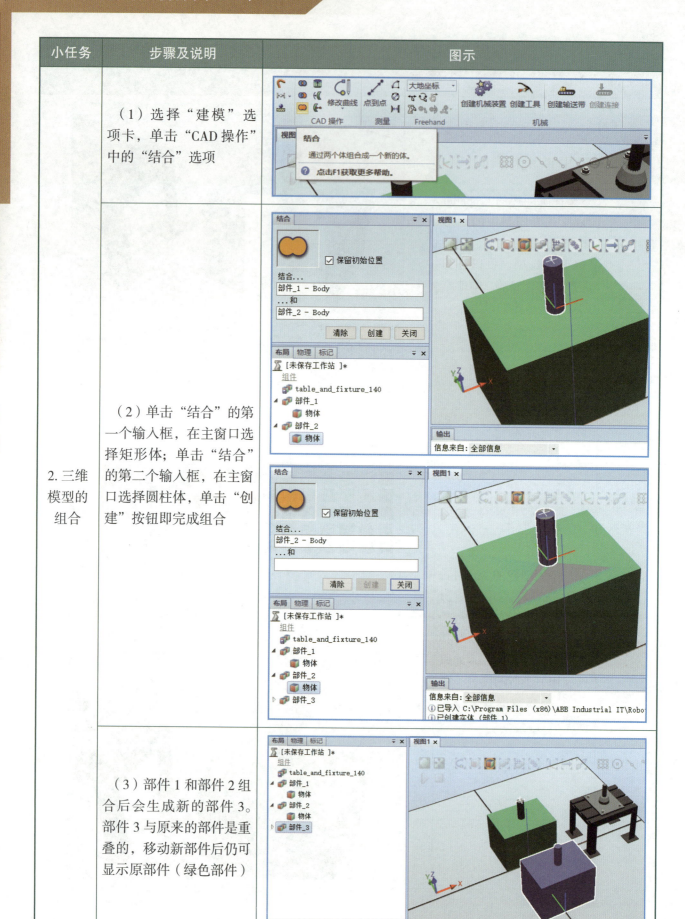
	（2）单击"结合"的第一个输入框，在主窗口选择矩形体；单击"结合"的第二个输入框，在主窗口选择圆柱体，单击"创建"按钮即完成组合	
	（3）部件 1 和部件 2 组合后会生成新的部件 3。部件 3 与原来的部件是重叠的，移动新部件后仍可显示原部件（绿色部件）	

2. 你来练练

按照"做给你看"所示操作步骤完成"创建三维模型"和"设置三维模型的相关参数"。

 学习评价

运用任务学习评价表对本次任务学习情况进行评价。

任务学习评价表

任务编号			任务名称					
考核板块		序号	考核点		分值标准	得分	学生评价	教师评价
一	职业素养	1	遵守上课纪律（不迟到、旷课、早退，违反一次扣2分）		20分			
		2	工位区域清洁，设备设施维护（未执行扣2分）					
		3	工作表现（参与度）具有团队意识（未执行扣2分）					
		4	严谨专注，精益求精，确保任务实施质量（未执行扣5分）					
二	知识技能		操作要求（未完成的每项扣10分）		50分			
		5	完成矩形体的建模					
		6	完成圆柱形体的建模					
		7	完成矩形体与圆柱形体的组合体					
		8	完成创建模型的颜色、显示、本地原点等相关参数的设置					
		9	将组合体与原始体分开					
三	安全文明		操作纪律要求（违反每项扣10分）		30分			
		10	遵守实训场地纪律，服从老师安排					
		11	操作规范，符合安全要求					
		12	不擅自离开实训工位					
四	否定项	13	故意违反操作，损坏设备得0分					
考核总分（100分）								

任务拓展

导出三维模型和导入第三方模型

1. 做给你看

（1）导出三维模型。

步骤	内容说明	图示
1	在左侧"布局"栏，单击要导出的部件，在下拉菜单中选择"导出几何体"选项	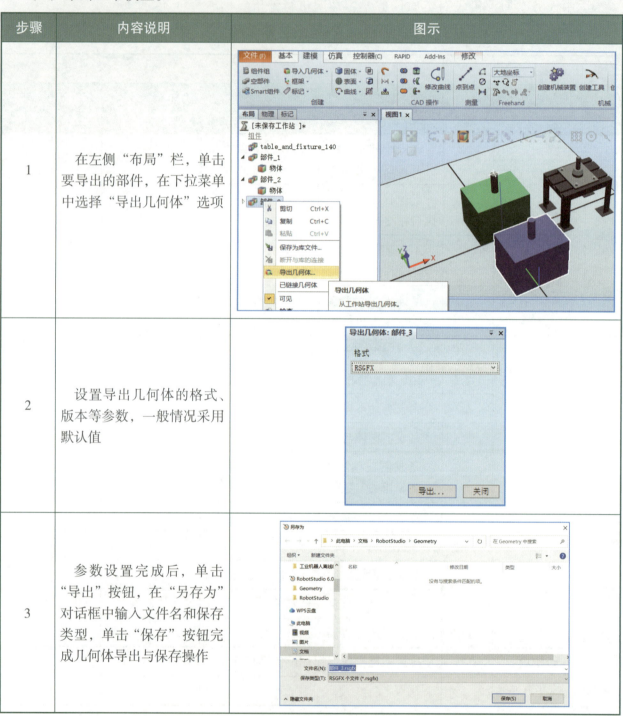
2	设置导出几何体的格式、版本等参数，一般情况采用默认值	
3	参数设置完成后，单击"导出"按钮，在"另存为"对话框中输入文件名和保存类型，单击"保存"按钮完成几何体导出与保存操作	

（2）导入第三方模型。

使用 RobotStudio 进行机器人的仿真验证时，如果需要使用精细的三维模型或仿真精度要求较高，可以通过第三方的建模软件（如 AutoCAD、UG、Creo（Pro/E）、SolidWorks 等）

进行建模，并通过 *.sat 格式导入 RobotStudio 中来完成建模布局。本任务以工业机器人搬运码垛工作站所需模型为例，导入第三方软件创建的工作站模型。

步骤	内容说明	图示
1	在"基本"或"建模"选项卡，单击"导入几何体"选项	
2	选择"浏览几何体"，找到所需的三维模型后单击"打开"按钮，即可完成几何体的导入	
3	几何体导入完成后，其位置并不是工作站所需要的位置，还要根据需求进行相应的调整	

2. 你来练练

按照"做给你看"所示步骤完成"导出三维模型"和"导入第三方模型"拓展任务。

任务 5　工作站系统工具的创建

 任务描述

为了完成某项工作，需要将机器人的机械手臂与特定的工具进行绑定。这个任务涉及在离线编程软件中创建一个工具，并将工具与机器人绑定，使机器人能够利用工具完成特定任务。将工具插件附加到机器人模型中的机械手臂上，需要考虑插件的位置、方向和朝向，并根据实际需求进行调整。

工具的创建

 任务分析

创建工业机器人工作站时，RobotStudio 模型库自带的工具有时无法满足用户的需求。因此，需要用户自行创建机器人用的工具。本任务将基于已有的三维模型创建一个机器人用的工具。

 知识链接

2.5.1　用户工具安装原理

工业机器人法兰盘末端经常会安装用户自定义的工具。希望用户自定义的工具像 RobotStudio 模型库中的工具一样，安装时能够自动安装到机器人法兰盘末端并保证坐标方向一致，并且能够在工具的末端自动生成工具坐标系，从而避免工具方面的误差。

工具安装过程中的原理：工具模型的本地坐标系与机器人法兰盘坐标系 Tool0 重合，工具末端的工具坐标系框架即作为机器人的工具坐标系。分以下两步完成工具的创建：

（1）在工具法兰盘端创建本地坐标系框架。

（2）在工具末端创建工具坐标系框架。

任务实施

1. 做给你看：创建工具

步骤	步骤说明	图示
1. 设定工具的本地原点	（1）新建空工作站并保存为"2-5 工作站"	

步骤	步骤说明	图示
1.设定工具的本地原点	（2）在"基本"或"建模"选项卡中，单击"导入几何体"选项，单击"浏览几何体"命令，找到所要导入的模型 UserTool，单击"打开"按钮，完成模型的导入	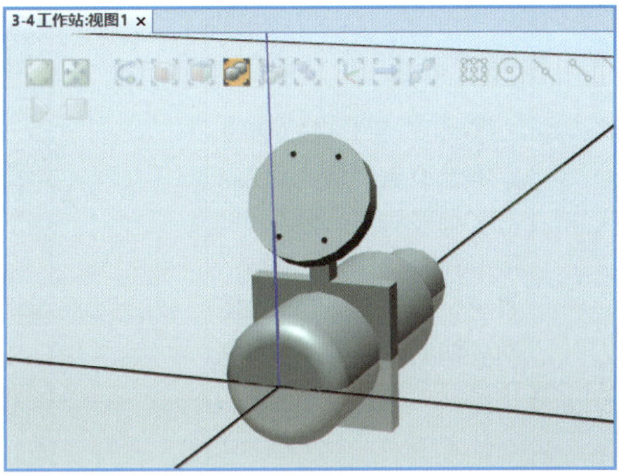
	（3）适当调整工具模型的位置：①三点法重置工具模型 UserTool，将其法兰盘所在平面与 XY 平面重合：主点、X 轴上的点、Y 轴上的点分别按图所示进行选择到点，按图中的参数进行设置，"主点 – 到"为"0，0，0"，"X 轴上的点 – 到"为"100，0，0"，"Y 轴上的点 – 到"为"0，100，0"，单击"应用"按钮完成放置，完成效果见右图	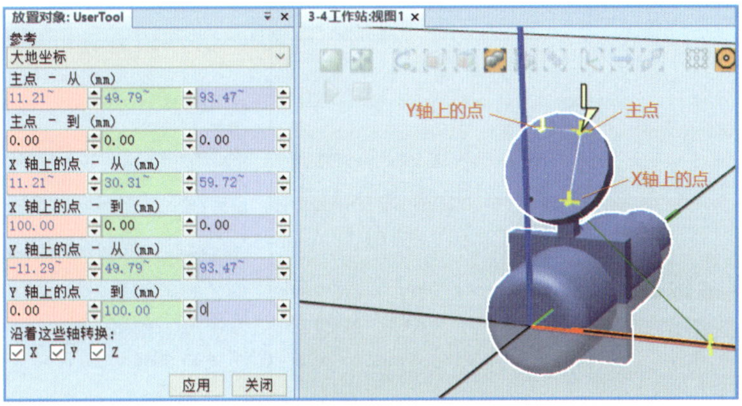 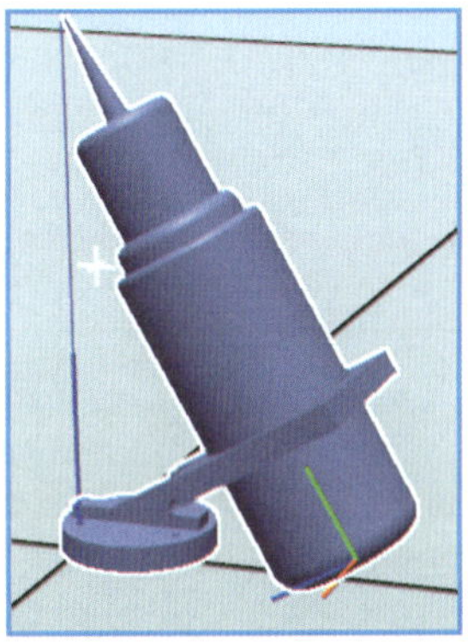
	②用鼠标右键单击 UserTool，选择"位置"下拉菜单中的"旋转"命令，将 UserTool 绕 Y 轴旋转180°，旋转度数和方向如右图所示，然后单击"应用"按钮完成旋转	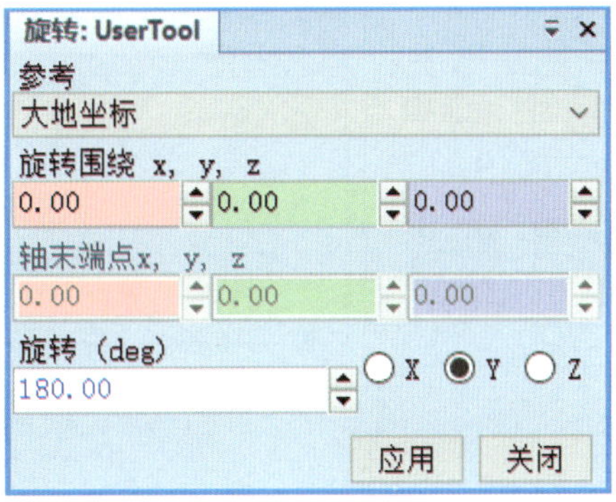 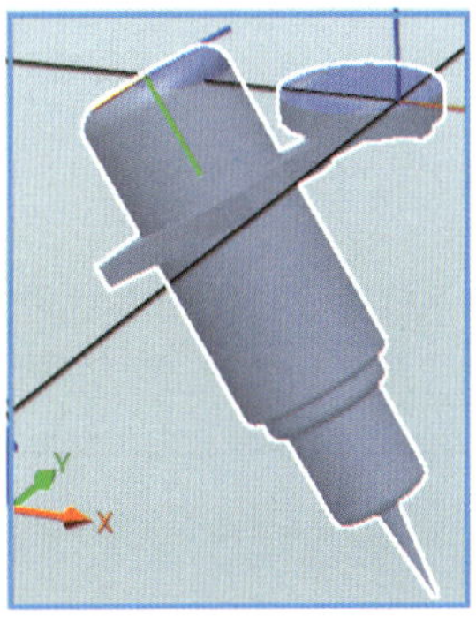

步骤	步骤说明	图示
	③为了便于观察和设定本地原点，将 UserTool 沿 Z 轴移动一段距离：单击 Freehand 中的"移动"菜单，选中 UserTool，拖动 Z 轴坐标向正方向一段距离。	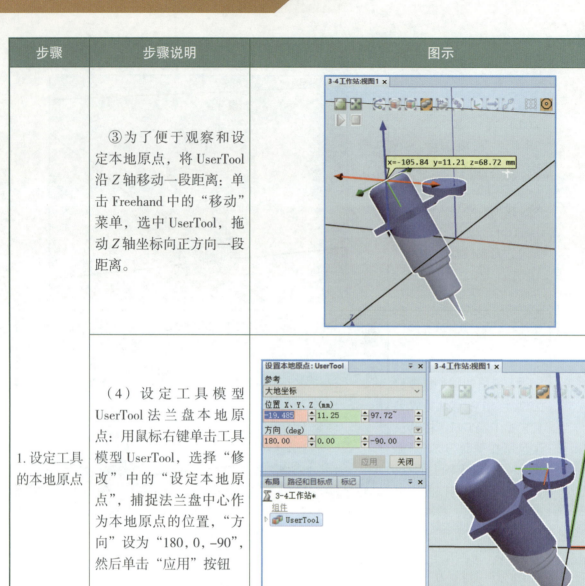
1. 设定工具的本地原点	（4）设定工具模型 UserTool 法兰盘本地原点：用鼠标右键单击工具模型 UserTool，选择"修改"中的"设定本地原点"，捕捉法兰盘中心作为本地原点的位置，"方向"设为"180, 0, –90"，然后单击"应用"按钮	
	（5）设定工具模型 UserTool 位置使其本地坐标系与机器人法兰盘坐标系 Tool0 重合：用鼠标右键单击工具模型 UserTool，选择"位置"中的"设定位置"选项，"位置"设为"0, 0, 0"，"方向"设为"0, 0, 0"，然后单击"应用"按钮	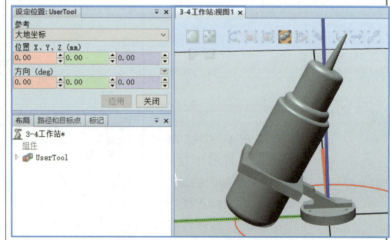

步骤	步骤说明	图示
2. 创建工具坐标系框架	（1）工具模型的本地坐标系设定完成后，可以在工具末端创建工具坐标系。在"基本"选项卡中，单击"框架"选项，选择"创建框架"选项，捕捉工具模型 UserTool 末端圆心作为框架的位置，"方向"设为"0, 0, 0"，然后单击"创建"按钮	
	（2）上图中的 Z 轴并不垂直于工具末端表面，因此还要对框架进行调整：在左侧"布局"栏，用鼠标右键单击"框架 1"，选择"设定为表面的法线方向"，选择"选择表面"的方式，单击"表面或部分"输入框，捕捉 UserTool 末端表面，然后单击"应用"按钮	
	（3）移动工具坐标系框架：工具坐标系原点一般与工具末端有一段距离，例如焊枪中的焊丝伸出的距离，本例中将工具坐标系框架沿其 Z 轴正方向移动一段距离为 5 mm。在左侧"布局"栏，用鼠标右键单击"框架 1"，选择"设定位置"，"位置"设为"0, 0, 5"，"方向"设为"0, 0, 0"，然后单击"应用"按钮	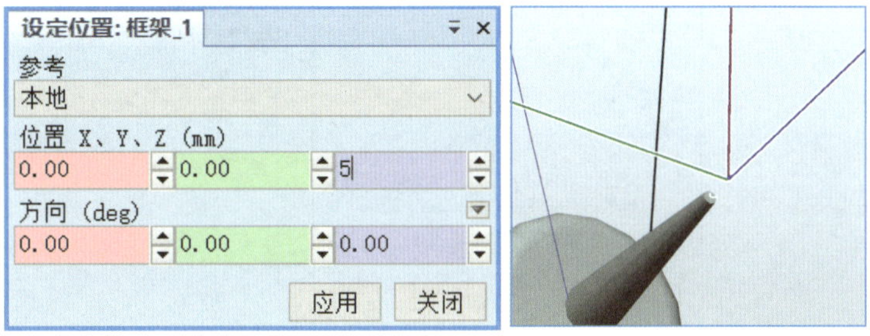

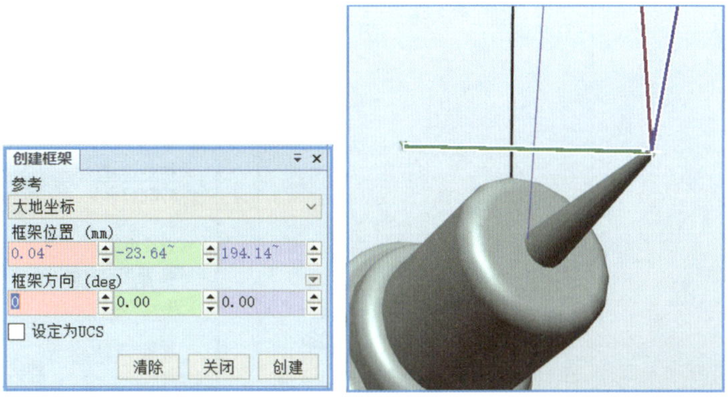

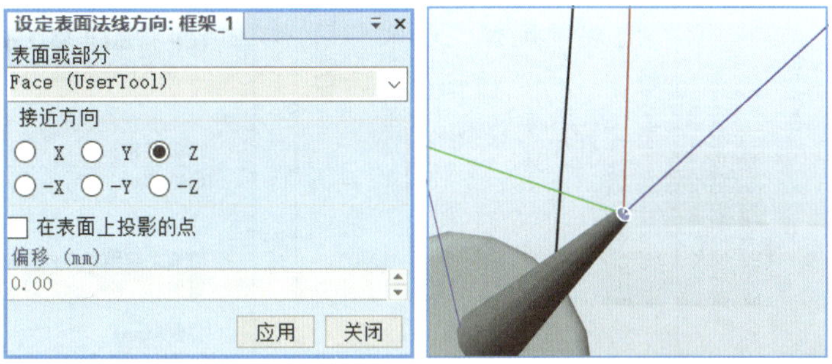

步骤	步骤说明	图示
3. 创建工具	（1）在"建模"选项卡中，单击"创建工具"选项，勾选"使用已有的部件"单选按钮，选择"UserTool"，其余参数默认，单击"下一个"按钮，"框架"选择"框架_1"，单击"→"按钮，然后单击"完成"按钮	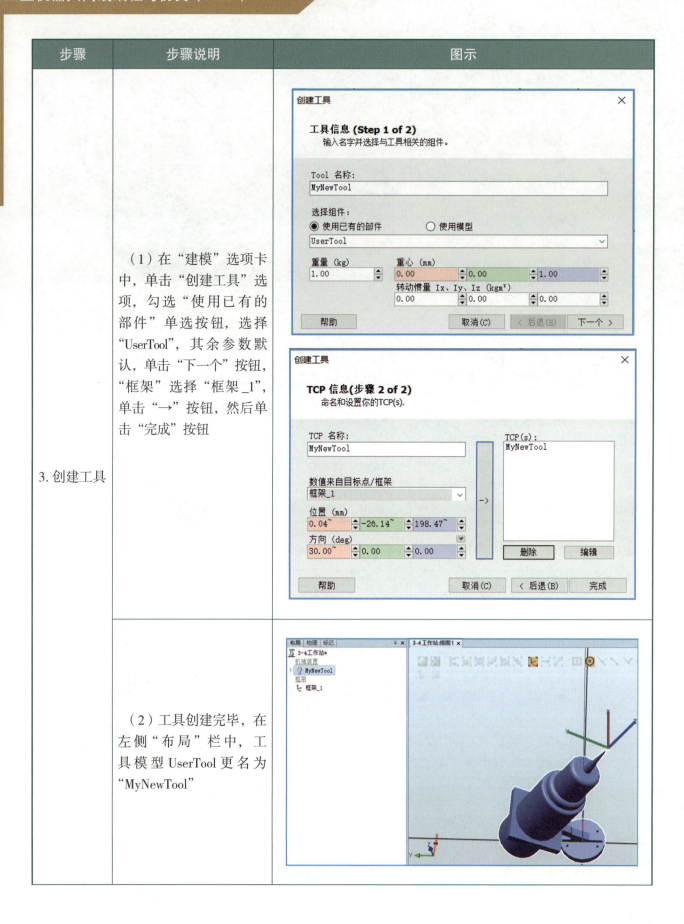
	（2）工具创建完毕，在左侧"布局"栏中，工具模型 UserTool 更名为"MyNewTool"	

步骤	步骤说明	图示
4.安装验证工具	（1）用户工具创建完成后可以进行验证，也就是检查工具能否正确安装到机器人上：在"基本"选项卡中，单击"ABB模型库"，选择"IRB 2600机器人模型"，单击"确定"按钮完成导入	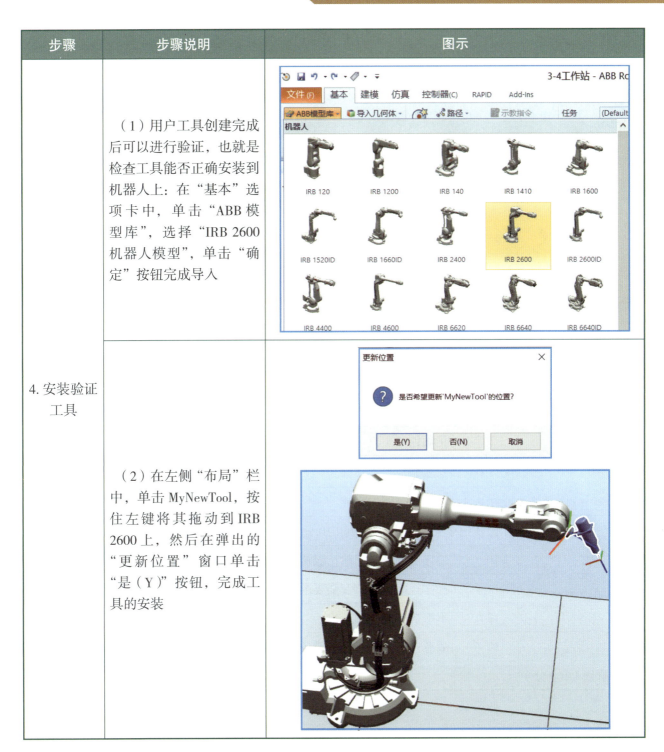
	（2）在左侧"布局"栏中，单击 MyNewTool，按住左键将其拖动到 IRB 2600 上，然后在弹出的"更新位置"窗口单击"是（Y）"按钮，完成工具的安装	

2.你来练练

参考"做给你看"中所示的操作步骤完成"创建工具"。

 学习评价

运用任务学习评价表对本次任务完成情况进行评价。

任务学习评价表

任务编号		任务名称					
考核板块	序号	考核点		分值标准	得分	学生评价	教师评价
一　职业素养	1	遵守上课纪律（不迟到、旷课、早退，违反一次扣2分）		20分			
	2	工位区域清洁，设备设施维护（未执行扣2分）					
	3	工作表现（参与度）具有团队意识（未执行扣2分）					
	4	严谨专注，精益求精，确保任务实施质量（未执行扣5分）					
二　知识技能		操作要求（未完成的每项扣5分）		50分			
	5	正确设定工具的本地原点					
	6	正确创建工具坐标系框架					
	7	正确创建工具					
	8	安装验证工具正确					
	9	在规定时间内完成					
三　安全文明		操作纪律要求（违反每项扣10分）		30分			
	10	遵守实训场地纪律，服从老师安排					
	11	操作规范，符合安全要求					
	12	不擅自离开实训工位					
四　否定项	13	故意违反操作，损坏设备得0分					
考核总分（100分）							

练习题

一、填空题

1. 工业机器人一般提供两个用户接口，一个用于_____，另一个用于_____。

2. 在"布局"栏中选中机器人模型，单击鼠标_____可以查看机器人的工作区域。

3. RobotStudio 6.08 中提供了6个方向的视图查看工作站，分别是：正面、_____、右面、左视图、俯视图和底部。

4. 要删除路径时，在_____栏中选中所要删除的路径即可。

5. 在 RobotStudio 6.08 中拆除工业机器人的工具可以使用_____法：在左侧"布局"栏中，选中所要拆除的工具，单击_____，选择"删除"即可。

6. 在 RobotStudio 6.08 中选择物体的方式主要有_____、_____、_____、选择部件、选择组、选择机械装置 6 种。

7. 在 RobotStudio 6.08 中捕捉方式主要有_____、_____、_____、捕捉末端、捕捉边缘、捕捉重心、捕捉本地原点和捕捉网格 8 种。

8. 建立机器人系统之后，"基本"选项卡中 Freehand 下的_____、_____、_____、_____、_____和多个机器人手动操作都可以选择和使用了。

9. 在"机械装置手动线性"功能中，Step 步的大小是可以设定的，但最大 Step 步只能设置为_____。

10. RobotStudio 6.08 中建模功能的_____、_____、_____、_____等 CAD 操作可以实现多个模型之间的相关操作。

11. RobotStudio 6.08 中三维模型创建完成后，其_____不可以进行二次修改。

12. RobotStudio 6.08 中的建模功能可以实现_____、_____、_____、圆锥体、椎体、球体 6 种不同的固体创建。

13. RobotStudio 测量工具可以对三维模型的_____、_____、_____、_____等参数进行测量。

14. RobotStudio 中测量物体间的_____距离与测量的点位置无关，其是一个固定的数据。

15. 在 RobotStudio 中创建曲线的基本方法有直线、圆、三点画圆、弧线、_____、_____、_____、_____、多段线、样条插补 10 种。

二、判断题

1. 在 RobotStudio 仿真软件中建立坐标系时，X 轴为红色、Y 轴为绿色、Z 轴为蓝色。（　　）

2. 机器人不用定期保养。（　　）

3. 机器人可以做搬运、焊接、打磨等项目。（　　）

4. 机器人可以有六轴以上。（　　）

5. 在实际中，要根据项目的要求选取相应的机器人的型号、承载能力及到达距离。（　　）

6. 在 RobotStudio 6.08 中导入机器人模型时可以对其容量和到达距离的参数进行选择，模型导入完成后其参数也可以修改。（　　）

7. 在 RobotStudio 6.08 中安装机器人用的工具，可以在左侧"布局"栏中选中所要安装的工具并按住鼠标右键，将其拖到机器人"IRB2600_12_165_ 01"后松开，就可以完成安装。（　　）

8. 在 RobotStudio 6.08 中拆除工业机器人的工具可以使用右键菜单法：在左侧"布局"栏中，选中所要拆除的工具并单击鼠标右键，选择"拆除"即可。　　　　　　（　　　）

9. 在 RobotStudio 6.08 中，机器人模型可以安装模型库中的工具，也可以安装用户自定义的工具。　　　　　　　　　　　　　　　　　　　　　　　　　　（　　　）

10. 若要隐藏机器人工作区域，在左侧"布局"栏中选中机器人模型，单击鼠标右键，再次单击"查看机器人的工作区域"，就可以关闭器人的工作区域。　　　　（　　　）

11. 在 RobotStudio 6.08 中，Freehand 可以实现三维模型的平移、转动、关节三种形式的运动。　　　　　　　　　　　　　　　　　　　　　　　　　　　　　　　（　　　）

12. 在 RobotStudio 6.08 中导入的三维模型，可以根据需求进行导出。选择要导出的几何体，单击鼠标右键，选择导出几何体，选择合适的位置进行保存即可。　　（　　　）

13. 在 RobotStudio 6.08 中，捕捉方式主要有捕捉对象、捕捉中心、捕捉末端、捕捉边缘、捕捉本地原点和捕捉重心 6 种。　　　　　　　　　　　　　　　　　　（　　　）

14. RobotStudio 6.08 中提供了 6 个方向的视图供查看工作站，分别是正面、背面、右边、左视图、俯视和底部。　　　　　　　　　　　　　　　　　　　　　　　　（　　　）

15. 在 RobotStudio 6.08 中根据布局创建机器人系统的方法有三种，分别是从布局、新建系统、已有系统。　　　　　　　　　　　　　　　　　　　　　　　　　　　（　　　）

16. 建立机器人系统之前，在"基本"选项卡中 Freehand 下只能进行移动、旋转、手动关节三种模式的手动操作。　　　　　　　　　　　　　　　　　　　　　　　（　　　）

17. 在"机械装置手动关节"功能中，Step 步的大小是可以设定的，但最大 Step 步只能设置为 10deg。　　　　　　　　　　　　　　　　　　　　　　　　　　　　（　　　）

18. 在"机械装置手动线性"功能中，Step 步的大小是可以设定的，但最大 Step 步只能设置为 15 mm/deg。　　　　　　　　　　　　　　　　　　　　　　　　　　（　　　）

19. 通过"机械装置手动关节"或"机械装置手动线性"功能拖动机器人时，无须选择参考坐标系。　　　　　　　　　　　　　　　　　　　　　　　　　　　　　　　（　　　）

20. 如果工作站没有建立相应的工件坐标，那么机器人就无法进行工作。　　（　　　）

21. 创建工件坐标可以通过位置法和三点法来实现，但三点法比较简单，因此在创建工件坐标系时经常采用此方法。　　　　　　　　　　　　　　　　　　　　　　（　　　）

22. 工件站同步到 RAPID 操作只能在"基本"选项卡中选择"控制器"选项中的"同步"。　　　　　　　　　　　　　　　　　　　　　　　　　　　　　　　　　　（　　　）

23. RobotStudio 6.08 中创建完成的三维模型，如果其尺寸参数不符合要求可以进行二次修改，直到达到要求。　　　　　　　　　　　　　　　　　　　　　　　　　（　　　）

24. RobotStudio 6.08 中的建模功能具有表面矩形、表面圆、表面多边形、从曲线生成表面 4 种不同的表面创建方法。　　　　　　　　　　　　　　　　　　　　　　（　　　）

25. RobotStudio 6.08 主菜单"建模"选项卡中可以创建所需的三维模型，也可以导入第

三方模型，但是不能对模型进行测量。　　　　　　　　　　　　　　　　　　（　　）

26. 选择"建模"选项卡，单击"组合"菜单，然后选择相应的模型进行结合，单击"创建"按钮即完成组合，组合后产生新的部件，原部件自动删除。　　　　　　（　　）

27. 在 RobotStudio 6.08 中机器人模型可以安装模型库中的工具，也可以安装用户自定义的工具。　　　　　　　　　　　　　　　　　　　　　　　　　　　　　　（　　）

28. RobotStudio 6.08 中只能导入 *. sat 格式的三维模型。　　　　　　　　　（　　）

29. 在 RobotStudio 6.08 中导入几何体完成后，导入的模型其位置无须进行相应的调整。

　　　　　　　　　　　　　　　　　　　　　　　　　　　　　　　　　　（　　）

30. 在"建模"选项卡，单击"选择部件"，选择要进行测量的部件。然后，单击"捕捉边缘"，单击"直径"，选择圆周上的任意三点，可完成该圆直径的测量。　　（　　）

31. 在"建模"选项卡，单击"角度"，选择要测量的角度，在其边上任意选取 A、B、C 三点，单击鼠标左键，测量结果自动显示出来。　　　　　　　　　　　　　（　　）

32. RobotStudio 测量工具可以测量任意角度的大小。　　　　　　　　　　　（　　）

33. RobotStudio 中创建的工作站必须包含至少一个工业机器人。　　　　　　（　　）

34. 在"建模"选项卡中，单击"选择部件"，在所选部件上单击鼠标右键，可以设置"一个点""两个点""三个点""框架""两个框架"共 5 种放置方式。　　　　　　（　　）

35. 工具安装过程中的原理：工具模型的本地坐标系与机器人法兰盘坐标系 Tool0 重合，工具末端的工具坐标系框架即作为机器人的工具坐标系。　　　　　　　　　（　　）

三、选择题

1. 在哪个窗口可以看到故障信息？（　　　　）

A. 程序数据　　　　B. 控制面板　　　　C. 事件日志　　　　D. 系统信息

2. 在 RobotStudio 仿真软件中提供了查看（　　　）和查看全部的快捷菜单。

A. 全部　　　　　　B. 细节　　　　　　C. 中心　　　　　　D. 局部

3. 在 RobotStudio 仿真软件中根据布局创建机器人系统时的方法有：从布局、（　　　）、已有系统。

A. 新建系统　　　　B. 规模系统　　　　C. 修改系统　　　　D. 局部系统

4. 在 RobotStudio 仿真软件中，导入机器人模型时要对其（　　）的参数进行选择。

A. 重量和到达距离　　　　　　　　　　B. 容量和到达距离

C. 容量和扭矩　　　　　　　　　　　　D. 高度和距离

5. 在"机械装置手动线性"功能中是以步的大小设定的，它的单位是（　　　）。

A. OB　　　　　　　B. deg　　　　　　C. m　　　　　　　D. mm

6. 在 RobotStudio 6.08 中拆除工业机器人工具的方法是，在（　　　）布局栏中，选中所要拆除的工具，单击鼠标（　　　），选择"拆除"即可。

A. 左侧、左键   B. 右侧、右键

C. 左侧、左键   D. 左侧、右键

7. 若要隐藏机器人工作区域，在（ ）布局栏中选中机器人模型，单击鼠标（ ），再单击"查看机器人的工作区域"，就可以关闭器人的工作区域。

A. 左侧、左键   B. 右侧、右键

C. 左侧、左键   D. 左侧、右键

8. RobotStudio 6.08 中提供了查看（ ）和查看（ ）的快捷菜单，以方便用户查看工作站视图。

A. 全部、局部   B. 中心、全部

C. 局部、细节   D. 中心、局部

9. 在 RobotStudio 6.08 中，捕捉方式主要有捕捉对象、中心、中点、末端、边缘、重心和（ ）8 种。

A. 对称点、本地原点   B. 对称点、网格

C. 本地原点、网格   D. 网格、局部

10. RobotStudio 6.08 中的建模功能可以实现矩形体、立方体、圆柱体、圆锥体、（ ）6 种不同的固体创建。

A. 多面体、球体   B. 曲面体、球体

C. 马鞍体、球体   D. 锥体、球体

项目三

工业机器人工作站的程序编写及仿真

 导言

在 RobotStudio 软件中，工业机器人的运动轨迹也是通过 RAPID 程序指令控制的，RobotStudio 软件可以同真实的机器人一样进行程序编制，并可将生成的轨迹程序下载到真实的机器人中去运行。

 学习目标

【知识目标】

1. 掌握工业机器人工作站的布局与方法；

2. 掌握工业机器人工件坐标系的创建方法；

3. 掌握常用运动指令的使用与设定；

4. 掌握模拟仿真工业机器人的运动轨迹的方法。

【技能目标】

1. 能够根据任务要求，构建工业机器人轨迹描绘的仿真工作站；

2. 通过运用工业机器人基本运动指令，掌握程序编写与调试方法；

3. 能够独立完成工业机器人轨迹描绘任务的程序编写与仿真运行；

4. 能够录制和制作工业机器人的仿真运动视频。

【素养目标】

1. 通过安全操作实例，培养安全操作意识，树立敬业、精益求精的工匠精神；

2. 通过对工业机器人先进制造装备和技术的认知学习，了解该领域的"卡脖子"问题，培养学生的爱国主义情怀；

3.通过学员对工业机器人的系统组成、分类及应用的学习，提升对专业知识的兴趣，增强对专业知识的学习动力。

项目背景

在 RobotStudio 软件中，工业机器人的运动轨迹也是通过 RAPID 程序指令控制的，RobotStudio 软件可以同真实的机器人一样进行程序编制，并可将生成的轨迹程序下载到真实的机器人中去运行。

通过构建与实际工作站相同的虚拟工作站，并在虚拟工作站中进行离线编程、仿真程序运行，可验证工业机器人的动作轨迹的正确性，为工程的实施提供真实的依据，提高生产效率；通过对机器人在运动过程中是否可能与周边设备发生碰撞进行验证与确认，可以确保机器人程序的准确性。本项目通过构建较简单的模拟绘图轨迹仿真工作站来介绍虚拟仿真工作站的构建方法。

项目描述

本项目将以建立一个简单的 3D 仿真矩形绘图工作站为任务载体，练习使用 RobotStudio 软件进行布局工作站、建立机器人系统、手动操纵机器人、创建工件坐标、编辑轨迹程序、仿真运行机器人和录制视频等操作。本项目分 4 个任务：

（1）建立如图 3-1 所示的绘图轨迹模拟仿真工作站。

（2）建立工业机器人系统并进行仿真。

（3）创建工业机器人的工件坐标并编制轨迹程序。

（4）仿真运行工业机器人运动的轨迹并录制视频。

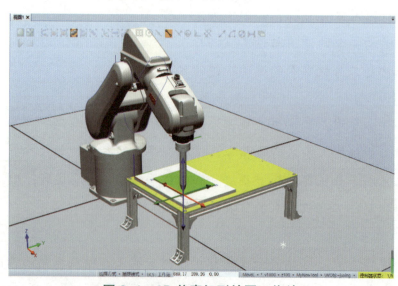

图 3-1　3D 仿真矩形绘图工作站

任务 1 工业机器人工作站的布局与构建

 任务描述

基本的工业机器人工作站包含工业机器人及工作对象。本任务通过构建矩形绘图工作站进行工业机器人工作站布局的学习。

 任务分析

工业机器人工作站是一个含有工业机器人模型和真实机器人控制系统的仿真文件，为仿真工作站的构建提供平台。工业机器人工作站具体表现为一个三维的虚拟世界，编程人员可在这个虚拟的环境中运用第三方模型任意构建场景来构建仿真工作站。

工业机器人工作站的布局与构建

 任务实施

1. 做给你看

步骤	内容说明	图示
1	在 ABB 模型库导入 IRB 120 机器人	
2	安装工具并调整机器人姿态，利用机械装置手动关节调整第五轴角度为 90°	

步骤	内容说明	图示
3	导入工作台，并设置工作台的位置。（位置 X: 200；Y: -120；Z: 0）（方向为 0.00，0.00，0.00）	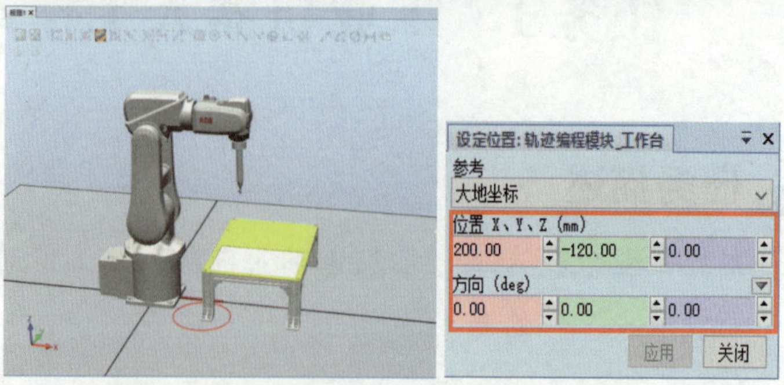
4	使用建模工具构建如图所示的"矩形"，把模型导入工作站	
5	两点法放置矩形模块：（1）单击选择部件；（2）单击捕捉末端图标；（3）鼠标右键单击"矩形模型"→"放置"→"两点法"；（4）选择矩形第一个点，单击第一个要重合的位置；（5）选择矩形第二个点，单击第二个要重合的位置；（6）单击"应用"按钮，完成	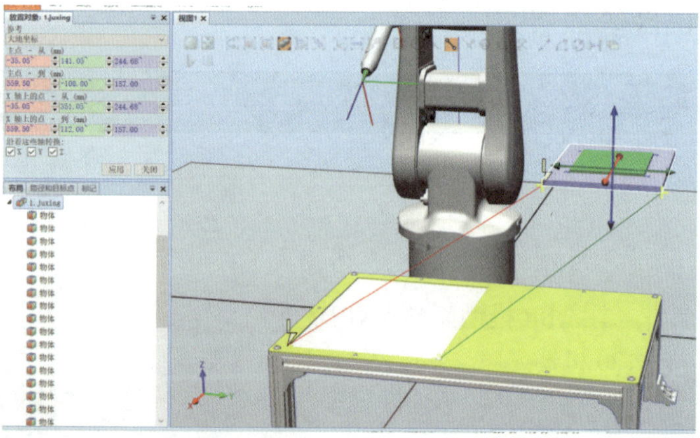
6	采用两点法放置矩形模型在工作台上的效果如右图所示，系统布局完成	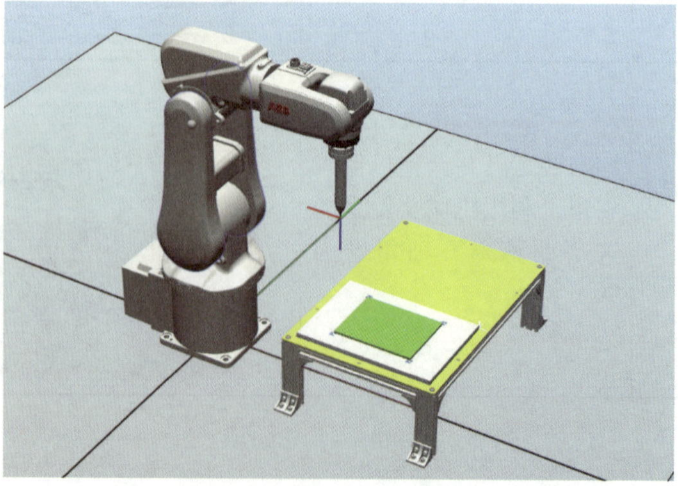

步骤	内容说明	图示
7	建立基于目前布局上的控制系统：单击"机器人系统"选项，选择"从布局"项，从"系统选项"中"配置系统参数"	
8	设置总线选择参数，单击"完成"按钮，等待右下角控制器状态变为 1/1，控制系统创建完成	
9	工业机器人控制系统创建完成	

2. 你来练练

参考"做给你看"中的步骤，完成"工业机器人工作站的布局和构建"。

学习评价

按任务实施评价表对本次任务的学习进行评价。

任务实施评价表

任务编号			任务名称					
考核板块		序号	考核点	分值标准	得分	学生评价	教师评价	
一	职业素养	1	遵守上课纪律（不迟到、旷课、早退，违反一次扣2分）	20分				
		2	工位区域清洁，设备设施维护（未执行扣2分）					
		3	工作表现（参与度）具有团队意识（未执行扣2分）					
		4	严谨专注，精益求精，确保任务实施质量（未执行扣5分）					
二	知识技能		操作要求（未完成的每项扣10分）	50分				
		5	完成矩形体的建模					
		6	完成圆柱形体的建模					
		7	完成矩形体与圆柱形体的组合体建模					
		8	完成创建模型的颜色、显示、本地原点等相关参数的设置					
		9	将组合体与原始体分开					
三	安全文明		操作纪律要求（违反每项扣10分）	30分				
		10	遵守实训场地纪律，服从老师安排					
		11	操作规范，符合安全要求					
		12	不擅自离开实训工位					
四	否定项	13	故意违反操作，损坏设备得0分					
考核总分（100分）								

任务 2　工件坐标与工具坐标的创建与设定

任务描述

工件坐标 wobjdata 对应工件，它定义工件相对于大地坐标（或其他坐标）的位置。机器人可以拥有若干工件坐标系，或者表示不同工件，或者表示同一工件在不同位置的若干副本。工业机器人的工具坐标是指机器人末端执行器相对于机器人坐标系的位置和姿态信息。创建和设定工具坐标一般需要以下步骤：安装工具、定义工具坐标系、校准工具坐标系、设定工具坐标。

任务分析

本任务的目标是创建和设定工件坐标和工具坐标，以便于后续工作或加工过程中能够准确地定位和操作工件。首先要理解工件坐标与工具坐标的概念，然后分别创建工件坐标和工具坐标，要注意设定坐标原点与三个坐标轴方向。在实际操作中，建议参考相关设备和软件的使用手册，并遵循相应的操作规范和安全注意事项。

知识链接

3.2.1　工件坐标

对 ABB 机器人进行编程就是在工件坐标系中创建目标点和轨迹路径。这会给操作人员带来很多便利，如重新定位工作站中的工件时，只需更改工件坐标系的位置，所有路径将即刻随之更新；允许操作以外部轴或传送导轨移动的工件，因为整个工件可连同其路径一起移动。

工件坐标的设定带来的好处：如图 3-2 所示，A 是机器人的大地坐标，为了方便编程，为第一个工件建立了一个工件坐标 B，并在这个工件坐标 B 进行轨迹编程。

如果台子上还有一个相同的工件需要走一样的轨迹，只需要建立一个工件坐标 C，将工件坐标 B 中的轨迹复制一份，然后将工件坐标从 B 更新为 C，则无须对一样的工件重复进行轨迹编程。

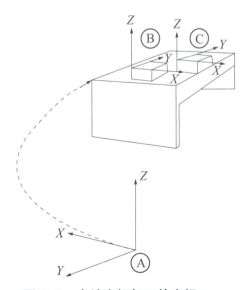

图 3-2　大地坐标与工件坐标

3.2.2　工具坐标

工具数据 tooldata 用于描述安装在机器人第六轴上的工具坐标 TCP（工具坐标系的原点，即工具中心点）、质量、重心等参数数据。默认工具（tool0）的工具中心点位于机器人安装法兰的中心，一般图中标注的点就是原始的 TCP。执行程序时，机器人将 TCP 移至编程位置，这意味着如果要更改工具及工具坐标系，机器人的移动将随之更改，以便使新的 TCP 到达目标。tooldata 会影响机器人的控制算法（如计算加速度）、速度和加速度监控、力矩监控、碰撞监控、能量监控等，因此机器人的工具数据需要正确设置。

工件坐标与工具坐标的创建与设定

 任务实施

1. 做给你看

步骤	内容说明	图示
	工件坐标的创建	
1	在"基本"选项卡中单击"其它"选项，选择"创建工件坐标"命令	
2	修改工件坐标名称为 juxing，在创建工件坐标下单击"工件坐标框架"选项，打开下拉菜单，选择采用三点法创建工件坐标	

步骤	内容说明	图示
3	用鼠标左键单击"X 轴上的第一个点"的输入框（1 号点）、"X 轴上的第二点"的输入框（2 号点）、"Y 轴上的点"的输入框（3 号点）	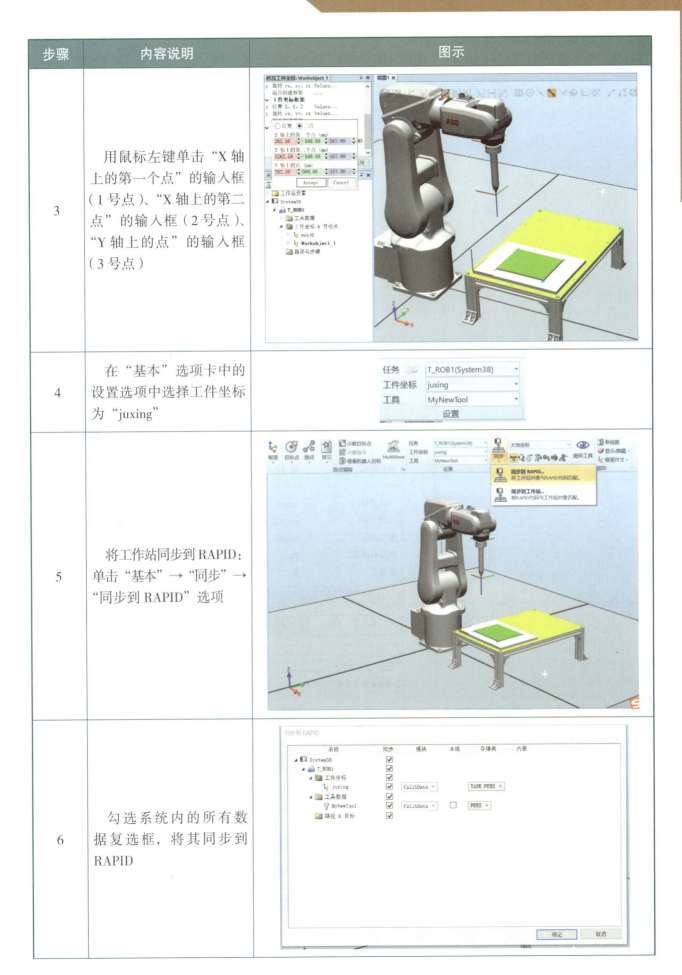
4	在"基本"选项卡中的设置选项中选择工件坐标为"juxing"	
5	将工作站同步到 RAPID：单击"基本"→"同步"→"同步到 RAPID"选项	
6	勾选系统内的所有数据复选框，将其同步到 RAPID	

步骤	内容说明	图示
		工具坐标的创建
1	单击示教器主菜单栏的"手动操纵"选项，设置合适的工具坐标	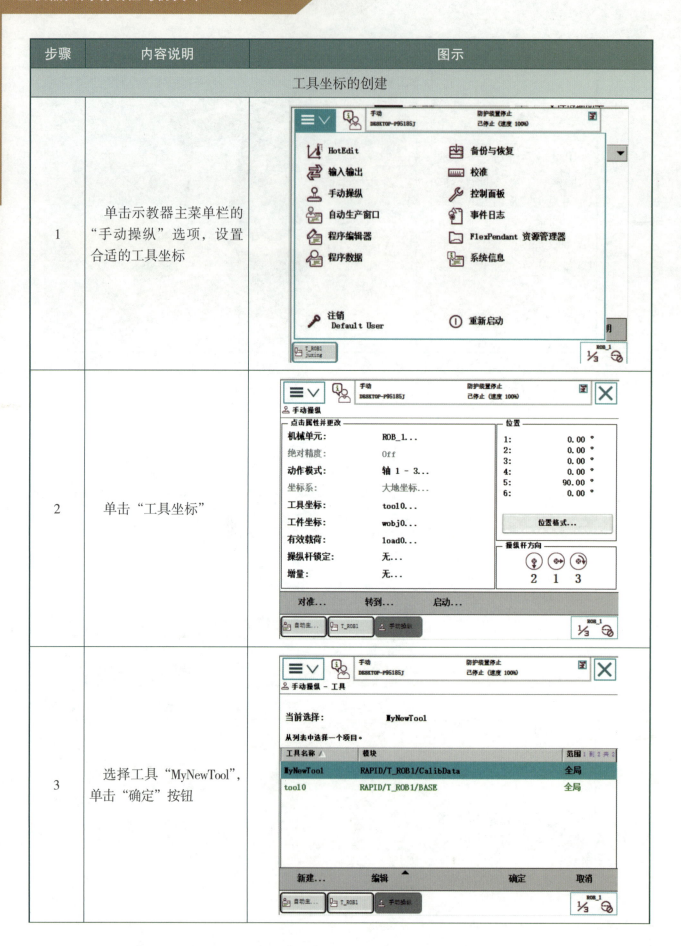
2	单击"工具坐标"	
3	选择工具"MyNewTool"，单击"确定"按钮	

步骤	内容说明	图示
4	单击"工件坐标"	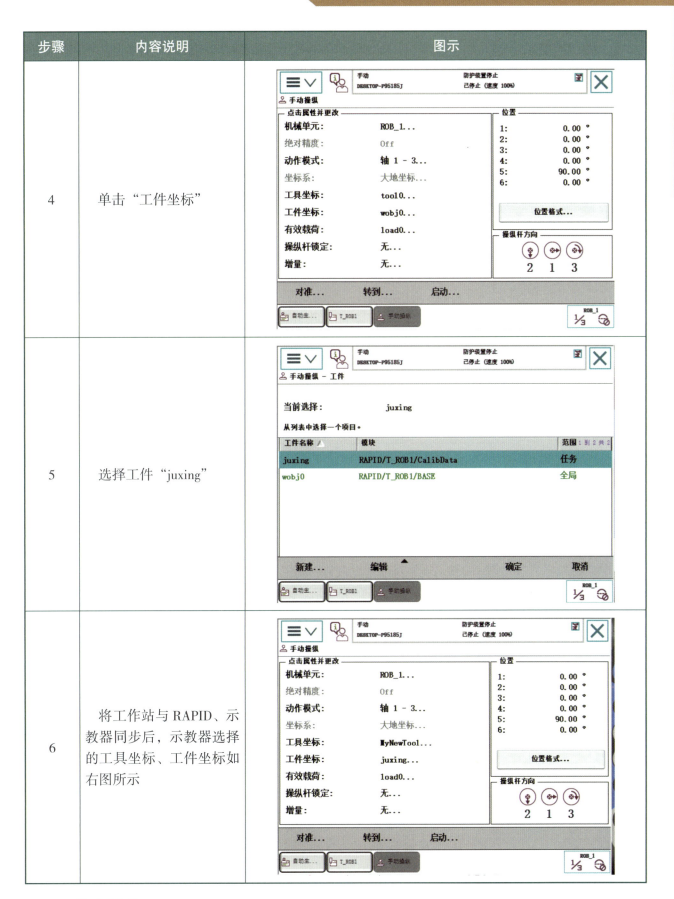
5	选择工件"juxing"	
6	将工作站与 RAPID、示教器同步后,示教器选择的工具坐标、工件坐标如右图所示	

2. 你来练练

参考以上"做给你看"中的步骤,完成"工件坐标的创建"。

学习评价

按任务实施评价表对本次任务的学习情况进行评价。

任务实施评价表

任务编号			任务名称				
考核板块		序号	考核点	分值标准	得分	学生评价	教师评价
一	职业素养	1	遵守上课纪律（不迟到、旷课、早退，违反一次扣2分）	20分			
		2	工位区域清洁，设备设施维护（未执行扣2分）				
		3	工作表现（参与度）具有团队意识（未执行扣2分）				
		4	严谨专注，精益求精，确保任务实施质量（未执行扣5分）				
二	知识技能		操作要求	50分			
		5	创建工件坐标（10分）				
		6	创建工具坐标（10分）				
		7	完成工作站的设置（20分）				
		8	完成参数的设置（10分）				
三	安全文明		操作纪律要求（违反每项扣10分）	30分			
		9	遵守实训场地纪律，服从老师安排				
		10	操作规范，符合安全要求				
		11	不擅自离开实训工位				
四	否定项	12	故意违反操作，损坏设备得0分				
考核总分（100分）							

 **任务拓展**

用位置法创建工件坐标

除三点法以外，还可以通过位置法创建工件坐标。用位置法创建工业机器人工件坐标的方法如下。

步骤	内容说明	图示
1	在"基本"选项卡中，单击"其它"选项，选择"创建工件坐标"	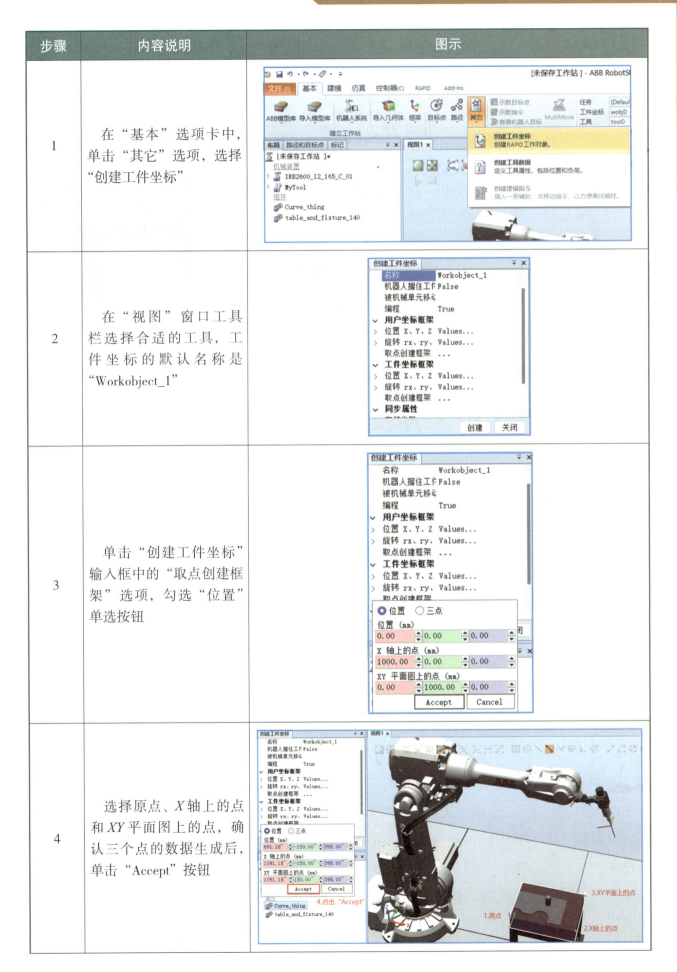
2	在"视图"窗口工具栏选择合适的工具，工件坐标的默认名称是"Workobject_1"	
3	单击"创建工件坐标"输入框中的"取点创建框架"选项，勾选"位置"单选按钮	
4	选择原点、X 轴上的点和 XY 平面图上的点，确认三个点的数据生成后，单击"Accept"按钮	

步骤	内容说明	图示
5	单击"创建"按钮，已创建的工件坐标如右图所示	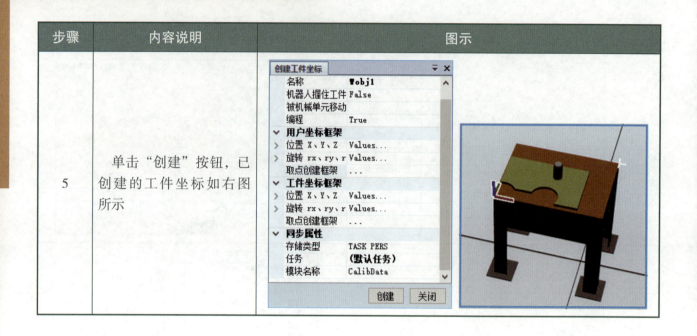

任务3　程序模块与例行程序的创建

 **任务描述**

ABB 工业机器人的 RAPID 编程提供了丰富的指令来完成各种简单与复杂的应用。一个 RAPID 程序被称为一个任务，一个任务是由一系列程序模块与系统模块组成，可以根据不同的用途创建多个程序模块，每一个程序模块包含了程序数据、例行程序、中断程序和功能 4 种对象，但要注意在 RAPID 程序中只有一个主程序 main。

 **任务分析**

要进行机器人程序的编写与调试，就必须掌握程序模块和例行程序的创建。本任务要求学会创建新的程序模块和新的例行程序，最终会进行机器人程序的编写与调试。

 **知识链接**

RAPID 是 ABB 工业机器人控制系统所使用的一种编程语言。它是基于模块化编程的语言，可以用于编写机器人的控制程序。RAPID 语言结构简单，易于学习和理解，并且具有丰富的功能和指令集，可以实现复杂的机器人运动和任务。ABB 机器人的应用程序是使用 RAPID 语言特定的词汇和语法编写而成的。在机器人编程中，RAPID 程序是由程序模块与系统模块组成的，程序模块用于构建机器人的程序，系统模块用于系统方面的控制。

每一个程序模块可包含程序数据、例行程序、中断程序和功能4种对象，程序模块之间的程序数据、例行程序、中断程序和功能是可以相互调用的。除特殊定义外，所有程序模块、例行程序与程序数据的名称必须是唯一的。

通常用户程序分布于不同的模块中，在不同的模块中编写对应的例行程序和中断程序。在RAPID程序中，它可存在于任意一个程序模块中，并作为整个RAPID程序自动运行的起点，通常通过执行main程序调用其他子程序，实现机器人的相应功能。

程序模块与例行
程序的创建

 任务实施

1. 做给你看

步骤	内容说明	图示
1	在"控制器"选项卡中单击"示教器"，在示教器主菜单（左上角）界面中选择"程序编辑器"，单击打开	手动 DESKTOP-P95185J　防护装置停止　己停止（速度100%） HotEdit　备份与恢复 输入输出　校准 手动操纵　控制面板 自动生产窗口　事件日志 程序编辑器　FlexPendant 资源管理器 程序数据　系统信息 注销 Default User　重新启动
2	创建程序模块：单击模块，单击选择文件，选择"新建模块"	手动 DESKTOP-P95185J　防护装置停止　己停止（速度100%） T_ROB1 模块 名称 / 类型 更改　1 到 2 共 2 BASE　系统模块 user　系统模块 新建模块… 加载模块… 另存模块为… 更改声明… 删除模块… 文件　刷新　显示模块　后退 自动主… T_ROB1 Module1　T_ROB1 Module1　T_ROB1 juxing　手动操纵　T_ROB1 Module1　ROB_1 1/3

步骤	内容说明	图示
3	创建新模块，可以通过单击"ABC…"按钮修改模块名称； 类型：选择"Program"，单击"确定"按钮，完成程序模块的创建	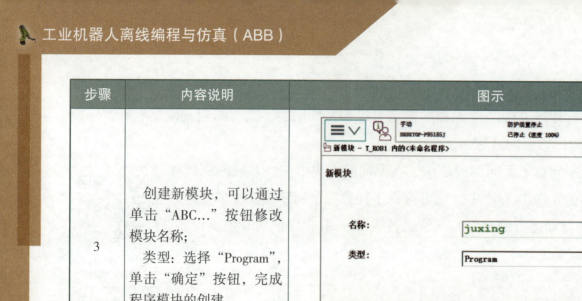
4	新建程序模块如右图，单击"juxing1程序模块"选项，单击"显示模块"按钮	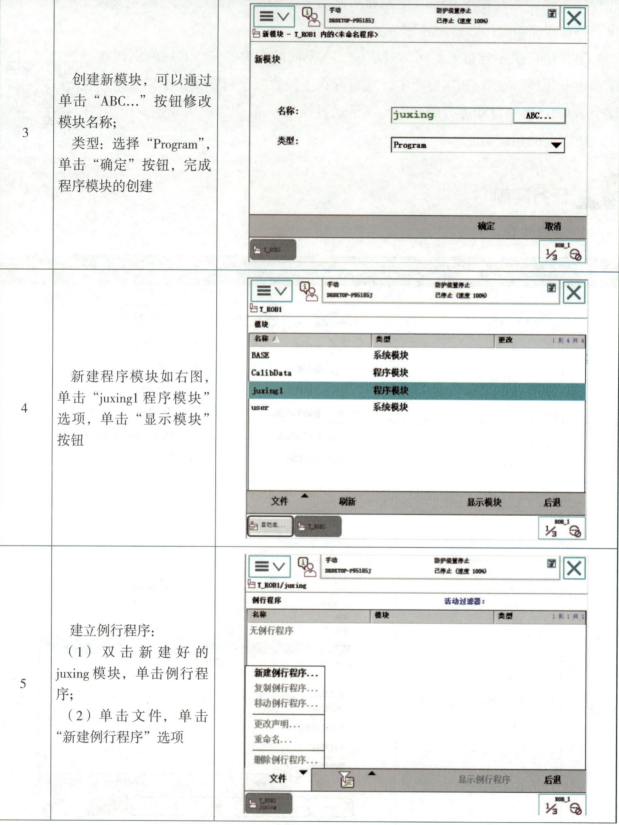
5	建立例行程序： （1）双击新建好的juxing模块，单击例行程序； （2）单击文件，单击"新建例行程序"选项	

步骤	内容说明	图示
6	创建例行程序，可以通过单击"ABC…"按钮修改程序名称，单击"确定"按钮，完成例行程序的创建	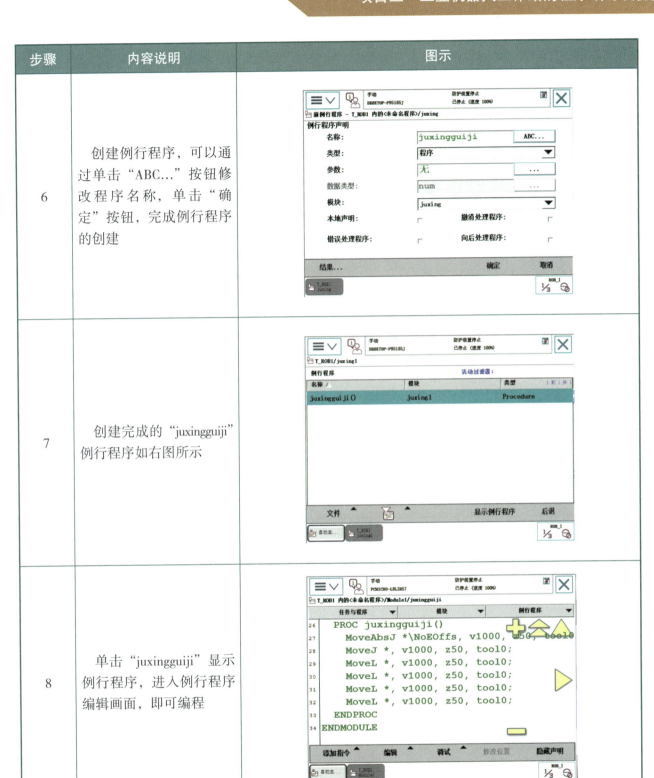
7	创建完成的"juxingguiji"例行程序如右图所示	
8	单击"juxingguiji"显示例行程序，进入例行程序编辑画面，即可编程	

2. 你来练练

参考上述"做给你看"中的步骤，自己完成"程序模块与例行程序的创建"。

学习评价

运用任务实施评价表对本任务情况进行评价。

任务实施评价表

任务编号			任务名称					
考核板块		序号	考核点	分值标准	得分	学生评价	教师评价	
一	职业素养	1	遵守上课纪律（不迟到、旷课、早退，违反一次扣2分）	20分				
		2	工位区域清洁，设备设施维护（未执行扣2分）					
		3	工作表现（参与度）具有团队意识（未执行扣2分）					
		4	严谨专注，精益求精，确保任务实施质量（未执行扣5分）					
二	知识技能		操作要求	50分				
		5	创建程序模块与例行程序（10分）					
		6	完成程序模块的加载与保存（10分）					
		7	完成程序的编写、调试与运行（20分）					
		8	对运动路径更优化的规划（10分）					
三	安全文明		操作纪律要求（违反每项扣10分）	30分				
		9	遵守实训场地纪律，服从老师安排					
		10	操作规范，符合安全要求					
		11	不擅自离开实训工位					
四	否定项	12	故意违反操作，损坏设备得0分					
考核总分（100分）								

任务4　常用运动指令的使用与设定

 **任务描述**

要进行机器人程序的编写与调试，就必须了解常用的机器人指令。本任务要求学会运用机器人基本程序指令，会创建新的程序模块和新的例行程序，最终能够进行机器人程序的编写与调试。

知识链接

ABB 工业机器人在空间中运动主要有关节运动（MoveJ）、线性运动（MoveL）、圆弧运动（MoveC）和绝对位置运动（MoveAbsJ）4 种方式。

3.4.1 关节运动指令（MoveJ）

关节运动指令 MoveJ 的功能与特点：

关节运动指令是在对路径精度要求不高的情况下，机器人的 TCP 从一个位置移动到另一个位置，两个位置之间的路径不一定是直线，如右图所示。

关节运动指令 MoveJ 的作用：

适用于大范围的快速运动，不容易出现奇异点问题（机械死点），在搬运这类点对点的作业场合具有广泛的应用

例如：MoveJ p20，v100，fine，tool0

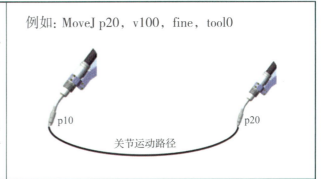

3.4.2 线性运动指令（MoveL）

线性运动指令 MoveL 的功能：

线性运动指令 MoveL 的特点是机器人的 TCP 从起点到终点之间的路径始终保持为直线，机器人的运动轨迹是可预测的，如右图所示。

线性运动指令 MoveL 的作用：

由 MoveL 特点可知，线性直线运动时机器人的轨迹是可以预测的，可以非常方便地实现矩形、正方形、直线等平面运动轨迹，一般应用在如焊接、涂胶等对路径要求高的场合

例如：MoveL p20，v100，fine，tool0

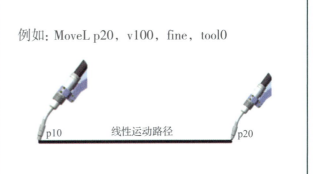

3.4.3 圆弧运动指令（MoveC）

圆弧运动指令 MoveC 的功能：

圆弧路径是指机器人在可到达的空间范围内定义三个位置点，第 1 个 p10 为圆弧的起点，第 2 个 p20 为圆弧的曲率，第 3 个 p30 为圆弧终点，如右图所示。

圆弧运动指令 MoveC 的作用：

适用于规则的圆弧运动，如机器人执行椭圆、标准圆形轨迹运动时，使用 MoveC 指令可便捷实现

例如：MoveC p20，p30，v1000，z10，tool0

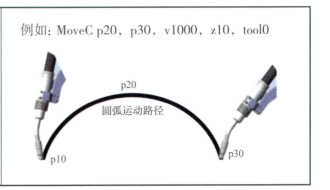

3.4.4 绝对位置运动指令（MoveAbsJ）

例如：MoveAbsJ Phome，v1000，fine，tool0

绝对位置运动指令 MoveAbsJ 的功能：

MoveAbsJ 属快速运动指令，执行后机器人将以轴关节的最佳姿态迅速到达目标点位置，其运动轨迹具有一定的不可预测性。MoveAbsJ 运动指令经常用来执行机器人回到机械零点位置，参数中 * 表示目标点位置数据

- MoveAbsJ包含了6个程序数据参数，这些数据的值是根据上一条指令的值自动生成的。

参数	含义
*	目标点位置数据
\NoEOffs	外轴不带偏移数据
v200	运动速度数据，200 mm/s
Z50/fine	转弯区数据/fine表示无
tool1	工具坐标数据
wobj1	工件坐标数据

 任务实施

常用运动指令的使用与设定

步骤	内容说明	图示
	线性运动（MoveL）指令的创建	
1	在"控制器"选项卡中单击"示教器"，进入示教器主菜单界面，选择"程序编辑器"选项	手动 PCMICRO-L9L3RS7　防护装置停止 已停止（速度 100%） HotEdit　　　　　备份与恢复 输入输出　　　　　校准 手动操纵　　　　　控制面板 自动生产窗口　　　事件日志 程序编辑器　　　　FlexPendant 资源管理器 程序数据　　　　　系统信息 注销 Default User　　　重新启动 T_ROB1 Module1　　T_ROB1 Module1　　ROB_1　1/3
2	选中名称为"juxingguiji"的例行程序，单击"显示例行程序"按钮	手动 PCMICRO-L9L3RS7　防护装置停止 已停止（速度 100%） T_ROB1/Module1 例行程序　　　　　活动过滤器： 名称　　　　模块　　　　类型　　1 到 2 共 2 juxingguiji()　Module1　　Procedure main()　　　　Module1　　Procedure 文件　　　　　　　显示例行程序　　后退 T_ROB1 Module1　T_ROB1 Module1　ROB_1　1/3

步骤	内容说明	图示
3	进入刚刚新建的例行程序中，确认蓝色常亮部分位于"SMT"，单击"添加指令"按钮	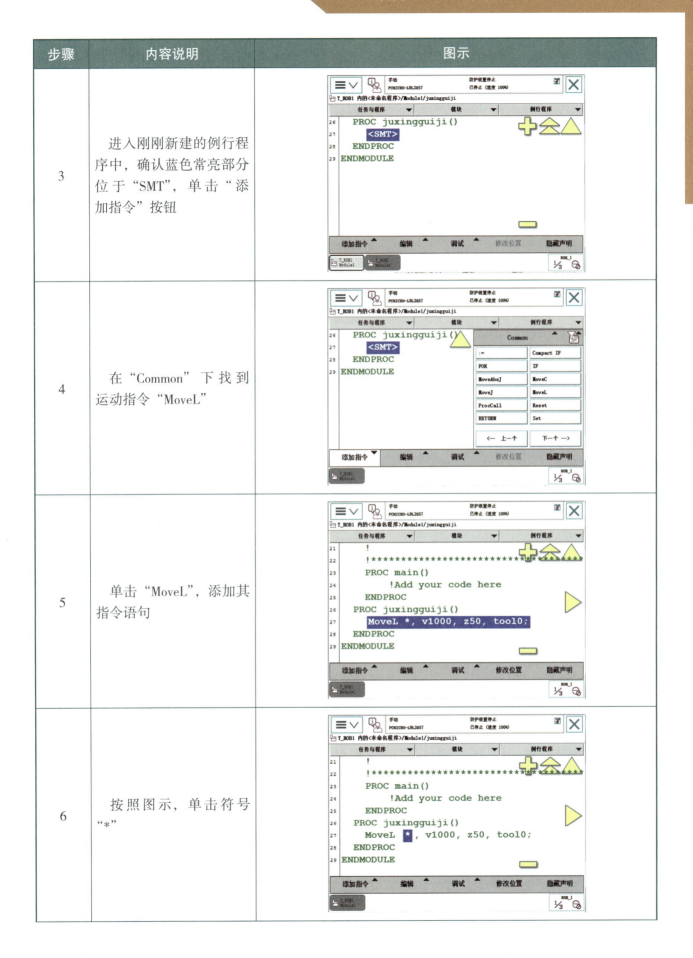
4	在"Common"下找到运动指令"MoveL"	
5	单击"MoveL"，添加其指令语句	
6	按照图示，单击符号"*"	

步骤	内容说明	图示
7	单击"新建"按钮，建立第一个目标点"P10"	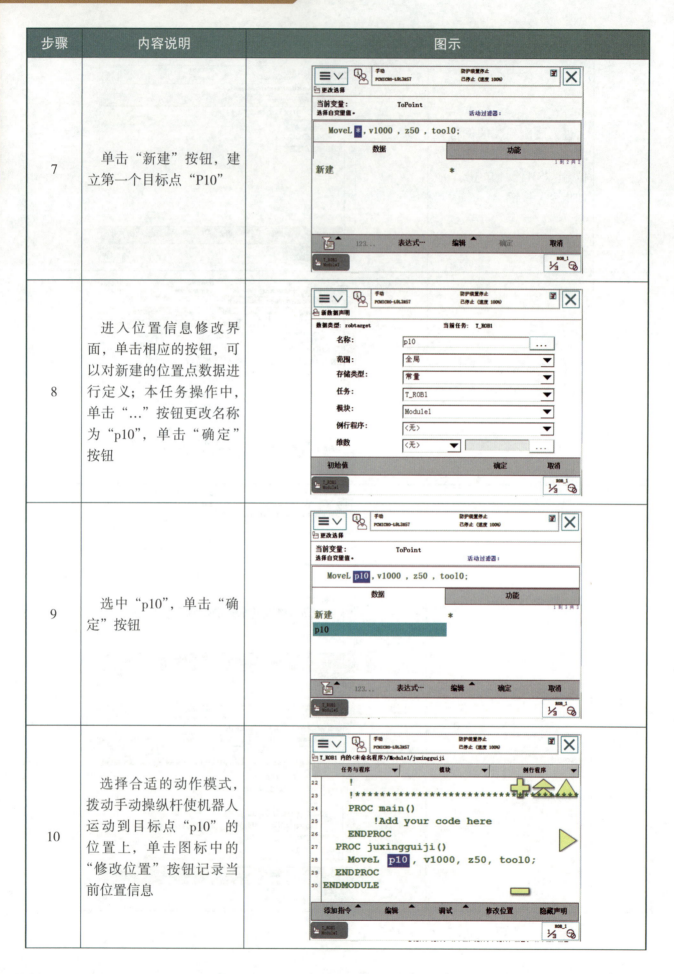
8	进入位置信息修改界面，单击相应的按钮，可以对新建的位置点数据进行定义；本任务操作中，单击"…"按钮更改名称为"p10"，单击"确定"按钮	
9	选中"p10"，单击"确定"按钮	
10	选择合适的动作模式，拨动手动操纵杆使机器人运动到目标点"p10"的位置上，单击图标中的"修改位置"按钮记录当前位置信息	

步骤	内容说明	图示
11	再次选择"MoveL"，单击"添加指令"按钮弹出如右图所示的界面；单击"下方"按钮，则添加的指令在下方；单击"上方"按钮，则添加的指令在上方	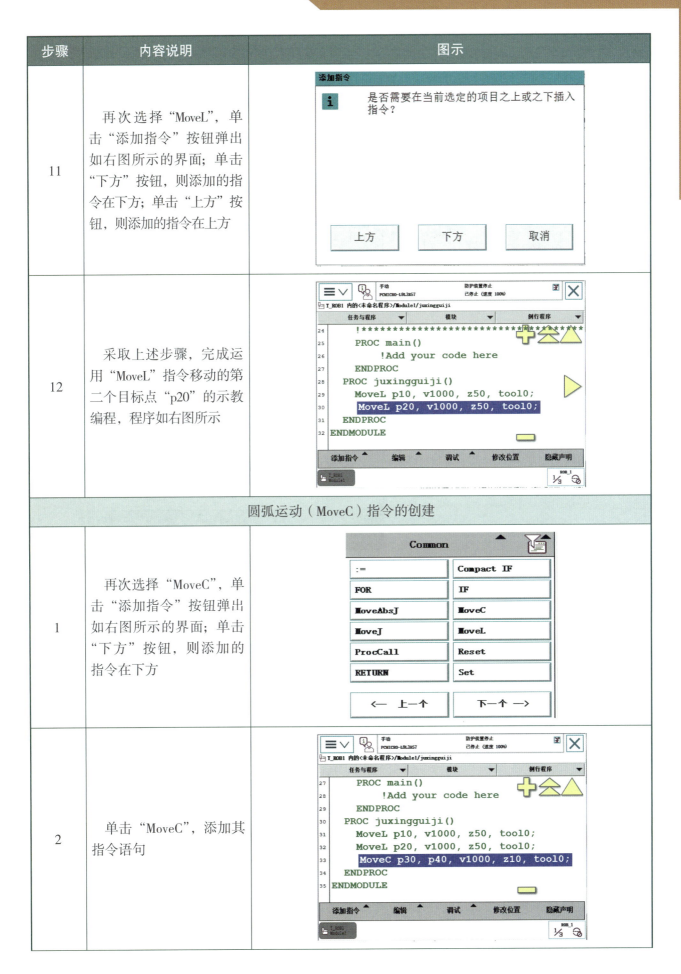 **添加指令** ⓘ 是否需要在当前选定的项目之上或之下插入指令？ 上方　下方　取消
12	采取上述步骤，完成运用"MoveL"指令移动的第二个目标点"p20"的示教编程，程序如右图所示	手动 PCMICRO-L9L3R57　防护装置停止　已停止（速度 100%） T_ROB1 内的＜未命名程序＞/Module1/juxingguiji 任务与程序　模块　例行程序 24　!*********************************** 25　PROC main() 26　　!Add your code here 27　ENDPROC 28　PROC juxingguiji() 29　　MoveL p10, v1000, z50, tool0; 30　　MoveL p20, v1000, z50, tool0; 31　ENDPROC 32　ENDMODULE 添加指令　编辑　调试　修改位置　隐藏声明 T_ROB1 Module1　1/3
	圆弧运动（MoveC）指令的创建	
1	再次选择"MoveC"，单击"添加指令"按钮弹出如右图所示的界面；单击"下方"按钮，则添加的指令在下方	Common :=　Compact IF FOR　IF MoveAbsJ　MoveC MoveJ　MoveL ProcCall　Reset RETURN　Set ←　上一个　下一个　→
2	单击"MoveC"，添加其指令语句	手动 PCMICRO-L9L3R57　防护装置停止　已停止（速度 100%） T_ROB1 内的＜未命名程序＞/Module1/juxingguiji 任务与程序　模块　例行程序 27　PROC main() 28　　!Add your code here 29　ENDPROC 30　PROC juxingguiji() 31　　MoveL p10, v1000, z50, tool0; 32　　MoveL p20, v1000, z50, tool0; 33　　MoveC p30, p40, v1000, z10, tool0; 34　ENDPROC 35　ENDMODULE 添加指令　编辑　调试　修改位置　隐藏声明 T_ROB1 Module1　1/3

步骤	内容说明	图示
3	先选中"p30"，单击"确定"按钮，选择合适的动作模式，拨动手动操纵杆使机器人运动到目标点"p30"的位置上，单击图标中的"修改位置"按钮记录当前位置信息	
4	先选中"p40"，单击"确定"按钮，选择合适的动作模式，拨动手动操纵杆使机器人运动到目标点"p40"的位置上，单击图标中的"修改位置"按钮记录当前位置信息	

练习题

一、填空题

1. 在 RobotStudio 软件中，工业机器人的运动轨迹是通过_____程序指令控制的。

2. 重新定位工作站中的工件时，只需更改_____的位置，所有路径将即刻随之更新。

3. 机器人_____拥有若干工件坐标系，或者表示不同工件。

4. 对 ABB 机器人进行编程时就是在工件坐标系中创建_____和轨迹路径。

5. 每一个程序模块可包含程序数据、_____、中断程序和功能 4 种对象。

二、判断题

1. 程序模块只能有一个。　　　　　　　　　　　　　　　　　　　　　（　　）

2. 工业机器人工作站的创建过程中要根据实际需要导入不同的机器人模型。（　　）

3. 建立工业机器人工件坐标系统，是确保工业机器人能准确地按照编程轨迹工作。

（　　）

4. 在 RobotStudio 软件仿真中，单击"播放"按钮，可以完成机器人的运动图形的录制。

（　　）

5. 工业机器人轨迹描绘任务的程序编写只有一个主程序。（　　）

6. 工件坐标对应工件，它定义工件相对于大地坐标（或其他坐标）的位置。（　　）

三、选择题

1. 精确到达工作点用以下哪个 zone ？（　　）

A. z1　　　　　　　B. z50　　　　　　　C. z100　　　　　　　D. Fine

2. 下面哪个 zone 可获得最圆滑路径？（　　）

A. z1　　　　　　　B. Z5　　　　　　　C. z10　　　　　　　D. z100

3. 下面哪个指令可最方便回到六轴的校准位置？（　　）

A. MoveL　　　　　B. MoveJ　　　　　C. MoveAbsJ　　　　D. ArcL

4. . 机器人速度是哪个单位？（　　）

A.cm/min　　　　　B.in/min　　　　　C.mm/sec　　　　　D.in/sec

5. ABB 机器人的应用程序是使用（　　）语言特定的词汇和语法编写而成的。

A. RAPID　　　　　B. C　　　　　　　C. C++　　　　　　D. 二进制

6. 工件坐标的优点是重新定位工作站中的工件时，只需更改工件坐标的位置，所有（　　）将即刻随之更新；允许操作以外部轴或传送导轨移动的工件，因为整个工件可连同其（　　）一起移动。

A. 路径、路径　　　　　　　　　　　B. 坐标、路径

C. 路径、原点　　　　　　　　　　　D. 坐标、原点

7. 用三点法创建工件坐标系时通常选取（　　）上的第一个点、第二个点和（　　）上的第一个点进行创建。

A. X 轴、X 轴　　　　　　　　　B. X 轴、Y 轴

C. X 轴、Z 轴　　　　　　　　　D. Y 轴、Z 轴

8. 用位置法创建工件坐标系时通常选取坐标的原点位置、（　　）和（　　）轴上的各一个点进行创建。

A. X 轴、X 轴　　　　　　　　　B. Y 轴、Y 轴

C. X 轴、Y 轴　　　　　　　　　D. X 轴、Z 轴

9. 用户自定义的工具像 RobotStudio 模型库中的工具一样，安装时能够自动安装到机器人（　　）末端并保证坐标方向一致，并且能够在工具的末端自动生成（　　），从而避免工具方面的误差。

A. 法兰盘、工件坐标系　　　　　　　B. 法兰盘、大地坐标系

C. 法兰盘、本地坐标系　　　　　　　D. 法兰盘、工具坐标系

10. 创建工具坐标系框架的基本方法主要有（　　）两种。

A. 创建框架、一点创建框架　　　　　B. 创建框架、二点创建框架

C. 创建框架、三点创建框架　　　　　D. 创建框架、四点创建框架

11. 为确保工具末端与所加工工件的表面保留一段距离，在创建工具坐标系框架时，一般要沿（　　）正方向偏移坐标系。

A. X 轴　　　　　　B. Y 轴　　　　　　C. Z 轴　　　　　　D. 法兰盘表面

项目四

工业机器人运动轨迹工作站的创建与仿真

 导言

在 RobotStudio 中，可以使用路径轨迹功能来实现 ABB 机器人的运行，这个功能能够在机器人的 TCP 运动路径上实时生成轨迹线条。工业机器人在涂胶、滚边、切割等作业时，通常需要实现长距离的不规则曲线轨迹运动。如果采用目标点示教，结合运动指令编写程序可实现此项功能，但存在费时、费力、精度低等问题。ABB 公司开发的 RobotStudio 软件中有自动路径创建功能，可圆满解决上述问题，可以使机器人高效地实现长距离不规则曲线轨迹运动。

 学习目标

【知识目标】

1. 了解工业机器人运动轨迹程序的创建方法；

2. 了解工业机器人创建目标点和路径的方法；

3. 掌握矩形图形轨迹工作站的创建；

4. 掌握心形图形轨迹工作站的创建；

5. 掌握工业机器人仿真运行与视频录制。

【技能目标】

1. 能创建几种工业机器人运动轨迹工作站；

2. 通过查询资料完成学习任务，提高搜集资源的能力；

3. 通过创建轨迹程序的应用，提高编程能力；

4. 通过完成学习任务，提高解决实际问题的能力。

【素养目标】

1. 树立进取意识、效率意识、规范意识；

2. 强化汇报沟通的能力；

3. 提高小组协同学习能力；

4. 增强自动自发、精益求精的精神。

任务1　矩形图形轨迹工作站的创建与仿真

 任务描述

本任务要求工业机器人从机械原点出发，工具沿着矩形工件的四边外框走一圈，然后回到机械原点位置。

 任务分析

在 RobotStudio 软件中，工业机器人的运动轨迹也是通过 RAPID 程序指令控制的，RobotStudio 软件可以同真实的机器人一样进行程序编制，并可将生成的轨迹程序下载到真实的机器人中去运行。

 知识链接

4.1.1　RAPID 程序

（1）RAPID 程序是由程序模块与系统模块组成的。一般只通过新建程序模块来构建机器人的程序，而系统模块多用于系统方面的控制。

（2）可根据不同用途创建多个程序模块，如用于主控制、位置计算、存放数据的程序模块，这样便于归类和管理。

（3）每一个程序模块包含了程序数据、例行程序、中断程序和功能 4 种对象，但不一定在每一个模块中都有这 4 种对象，程序模块之间的程序数据、例行程序、中断程序和功能可以互相调用。

（4）在 RAPID 程序中，只有一个主程序 main，且存在于任意一个程序模块中，作为程

序执行的起点。

　　本项目要求工业机器人从机械原点出发，工具沿着矩形工件的四边外框走一圈，然后回到机械原点位置。

矩形图形轨迹
工作站的创建

 任务实施

1. 做给你看

步骤	内容说明	图示
	设置机器人的初始姿态（机器人的机械原点位置）	
1	双击进入"juxingguiji"例行程序，进入例行程序编辑界面	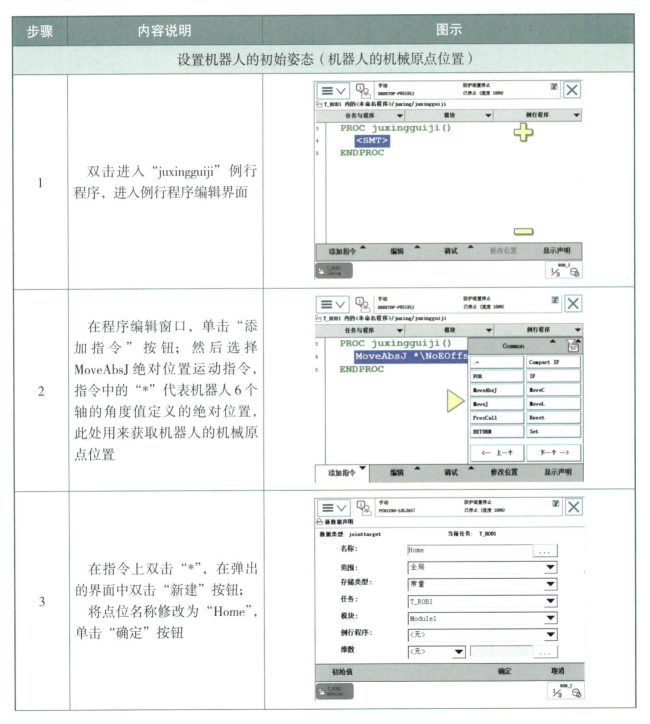
2	在程序编辑窗口，单击"添加指令"按钮；然后选择 MoveAbsJ 绝对位置运动指令，指令中的"*"代表机器人6个轴的角度值定义的绝对位置，此处用来获取机器人的机械原点位置	
3	在指令上双击"*"，在弹出的界面中双击"新建"按钮；将点位名称修改为"Home"，单击"确定"按钮	

步骤	内容说明	图示
4	MoveAbsJ 指令参数修改完成后，指令如右图所示；单击"home"点，单击"修改位置"按钮，获取机器人当前的初始状态，即机器人机械原点	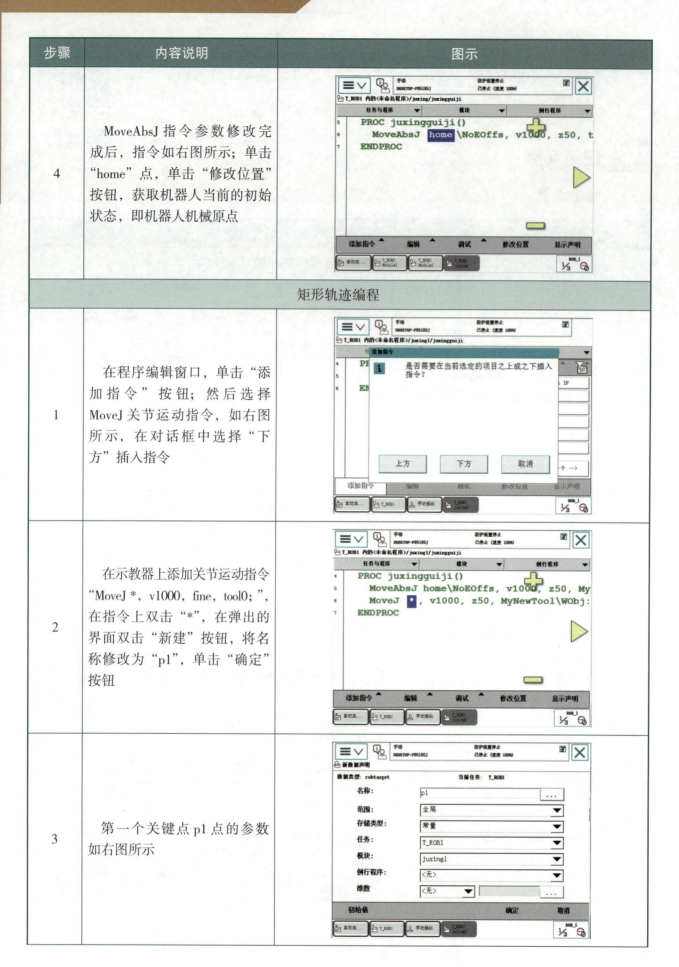
	矩形轨迹编程	
1	在程序编辑窗口，单击"添加指令"按钮；然后选择 MoveJ 关节运动指令，如右图所示，在对话框中选择"下方"插入指令	
2	在示教器上添加关节运动指令"MoveJ *，v1000，fine，tool0；"，在指令上双击"*"，在弹出的界面双击"新建"按钮，将名称修改为"p1"，单击"确定"按钮	
3	第一个关键点 p1 点的参数如右图所示	

步骤	内容说明	图示
4	在仿真软件基本的 freehand 处选择"手动线性",单击第六轴工具,出现工具坐标系,单击"捕捉末端"功能,将机器人手动线性移动至矩形图形"p1"点,如右图所示	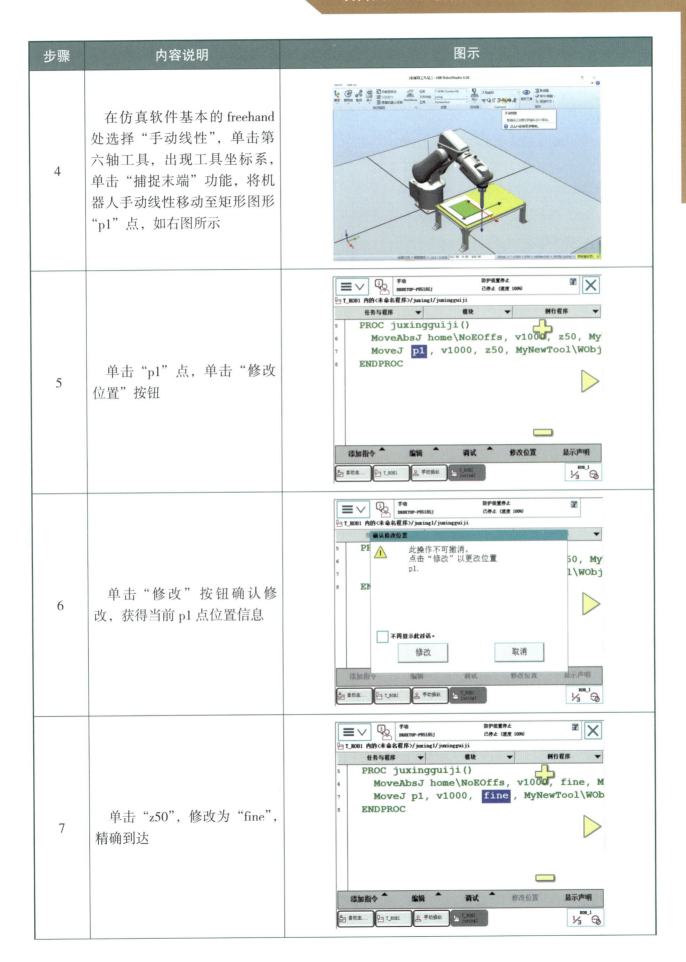
5	单击"p1"点,单击"修改位置"按钮	
6	单击"修改"按钮确认修改,获得当前 p1 点位置信息	
7	单击"z50",修改为"fine",精确到达	

步骤	内容说明	图示
8	在示教器上添加移动指令"MoveL p20，v1000，fine，tool0；"	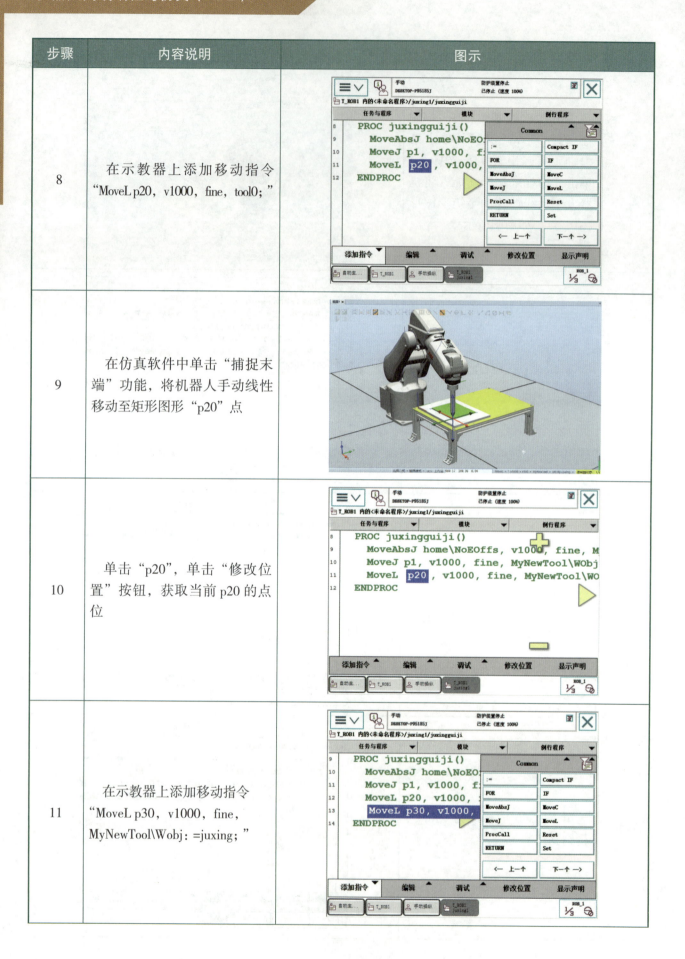
9	在仿真软件中单击"捕捉末端"功能，将机器人手动线性移动至矩形图形"p20"点	
10	单击"p20"，单击"修改位置"按钮，获取当前 p20 的点位	
11	在示教器上添加移动指令"MoveL p30，v1000，fine，MyNewTool\Wobj：=juxing；"	

步骤	内容说明	图示
12	将机器人手动线性移动至矩形图形"p30"点	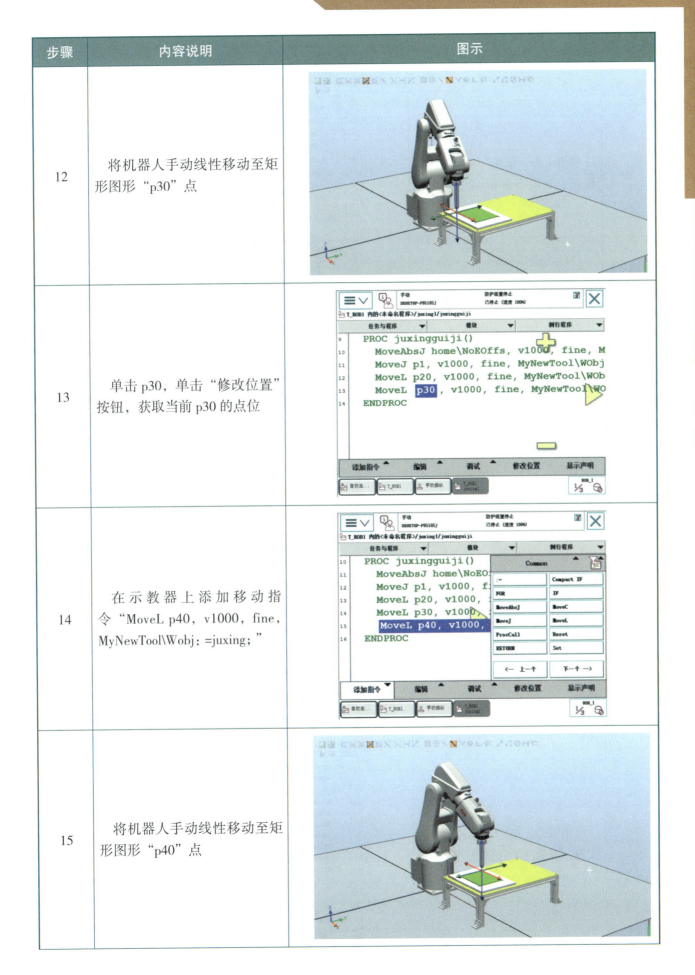
13	单击 p30，单击"修改位置"按钮，获取当前 p30 的点位	
14	在示教器上添加移动指令"MoveL p40, v1000, fine, MyNewTool\Wobj：=juxing；"	
15	将机器人手动线性移动至矩形图形"p40"点	

步骤	内容说明	图示
16	单击 p40，单击"修改位置"按钮，获取当前 p40 的点位	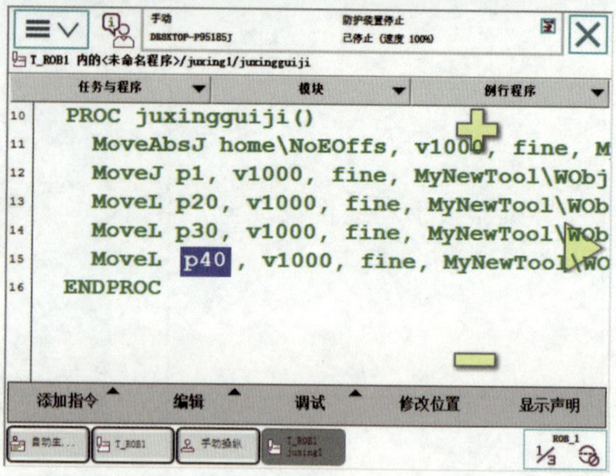
17	在示教器上添加移动指令"MoveL p50，v1000，fine，MyNewTool\Wobj: =juxing；"	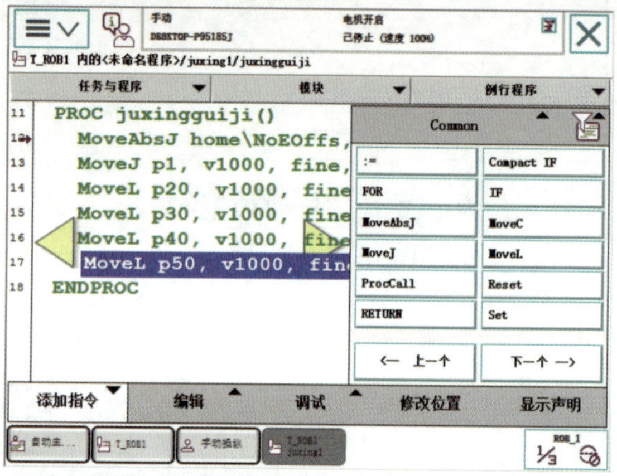
18	将机器人手动线性移动至矩形图形"p40"点	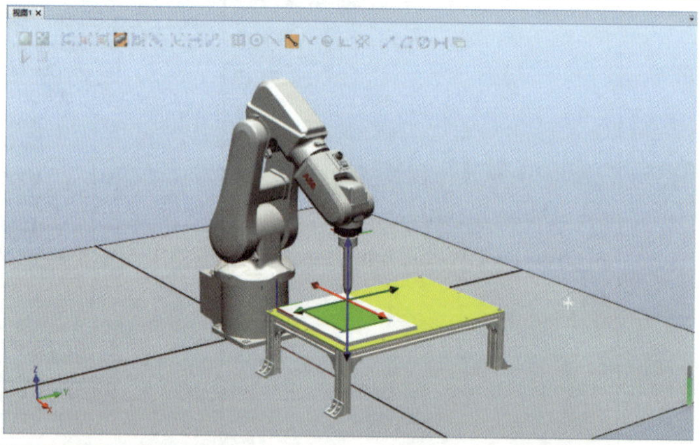
19	单击 p50，单击"修改位置"按钮，获取当前 p50 的点位	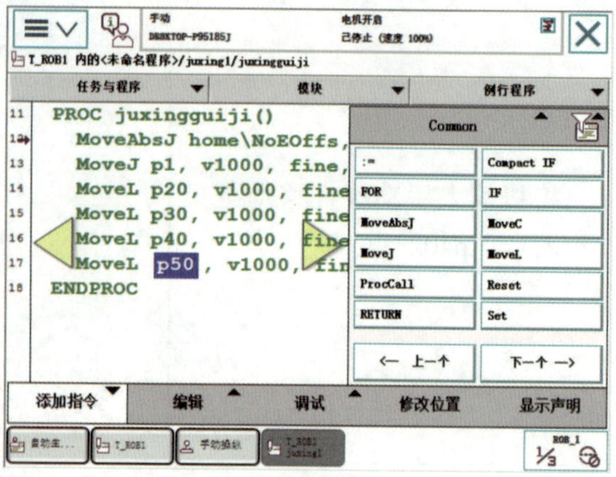

步骤	内容说明	图示
20	复制初始状态指令：单击第一条指令，单击"编辑"按钮，选择"复制"选项	
21	单击 MoveL p50 指令，选择"粘贴"选项，机器人回到初始状态。运动轨迹编程完成	
22	完整程序如右图所示，机器人从初始状态出发，沿着矩形工件描绘矩形轨迹，又回到初始状态	
	程序调试与运行	
1	单击"调试"按钮，选择"PP 移至例行程序"选项	

步骤	内容说明	图示
2	选择"juxingguiji"例行程序，单击"确定"按钮	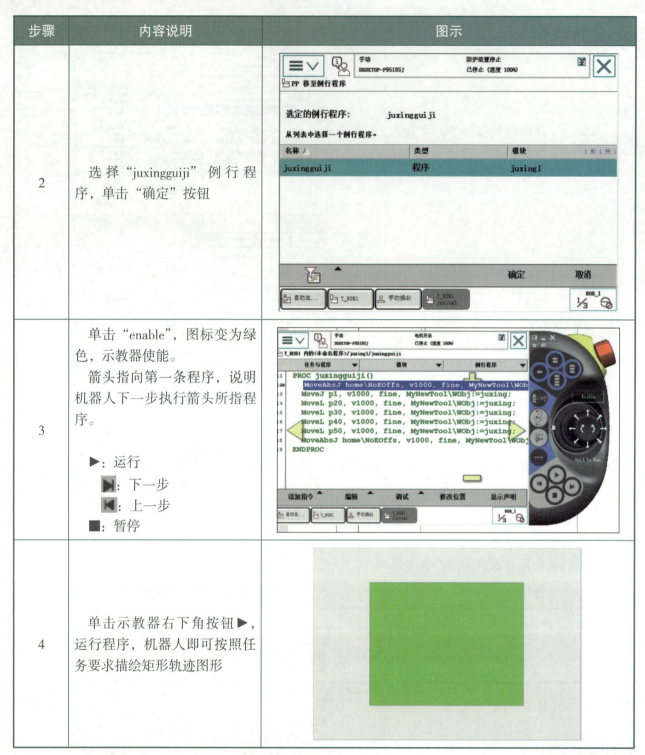
3	单击"enable"，图标变为绿色，示教器使能。 箭头指向第一条程序，说明机器人下一步执行箭头所指程序。 ▶：运行 ▶❘：下一步 ❘◀：上一步 ■：暂停	
4	单击示教器右下角按钮▶，运行程序，机器人即可按照任务要求描绘矩形轨迹图形	

2. 你来练练

参考以上"做给你看"的步骤完成"矩形轨迹工作站的创建与仿真"任务。

矩形图形轨迹仿真

 学习评价

按任务实施评价表对本次任务完成情况进行评价。

任务实施评价表

任务编号		任务名称					
考核板块		序号	考核点	分值标准	得分	学生评价	教师评价
一	职业素养	1	遵守上课纪律（不迟到、旷课、早退，违反一次扣2分）	10分			
		2	工位区域清洁，设备设施维护（未执行扣2分）				
		3	工作表现（参与度）具有团队意识（未执行扣2分）				
		4	严谨专注，精益求精，确保任务实施质量（未执行扣4分）				
二	知识技能		操作要求（未完成的酌情扣分）	40分			
		5	按要求打开相应的工作站（7分）				
		6	选用机器人与要求相符（7分）				
		7	设置相关参数与要求相符（7分）				
		8	能熟练使用软件进行工作站构建（7分）				
		9	能按照相应的要求完成功能（7分）				
		10	调试运行正常（5分）				
三	工艺精度		精度要求（未完成的每项扣10分）	40分			
		11	机器人路径平稳、连续有序				
		12	轨迹在指定加工区域内				
		13	加工工件与要求相符				
		14	机器人实现精准运动				
四	安全文明		操作纪律要求（违反每项扣10分）	10分			
		15	遵守实训场地纪律，服从老师安排				
		16	操作规范，符合安全要求				
		17	不擅自离开实训工位				
五	否定项	18	故意违反操作，损坏设备得0分				
考核总分（100分）							

任务 2　心形图形轨迹工作站的创建与仿真

 任务描述

在本任务中，使用工业机器人在工作台上完成心形图形工作站的创建与模拟仿真。心形图形一般在涂胶、激光切割具有特殊特征的零部件上运用较多。

 任务分析

本任务需要依次完成工作站建模、创建机器人系统、创建工件坐标系和工具数据、创建目标点和路径、轨迹编程模拟仿真，最终完成整个运动轨迹任务。

 知识链接

本任务中把直线运动指令 MoveL 和圆弧运动指令 MoveC 结合在一起，用来控制工业机器人运动心形图形轨迹。

心形图形轨迹
工作站的创建

 任务实施

1. 做给你看

步骤	内容说明	图示
1	在 ABB 模型库导入 IRB 120 机器人	

步骤	内容说明	图示
2	安装工具并调整机器人姿态，利用机械装置手动关节调整第五轴角度为90°	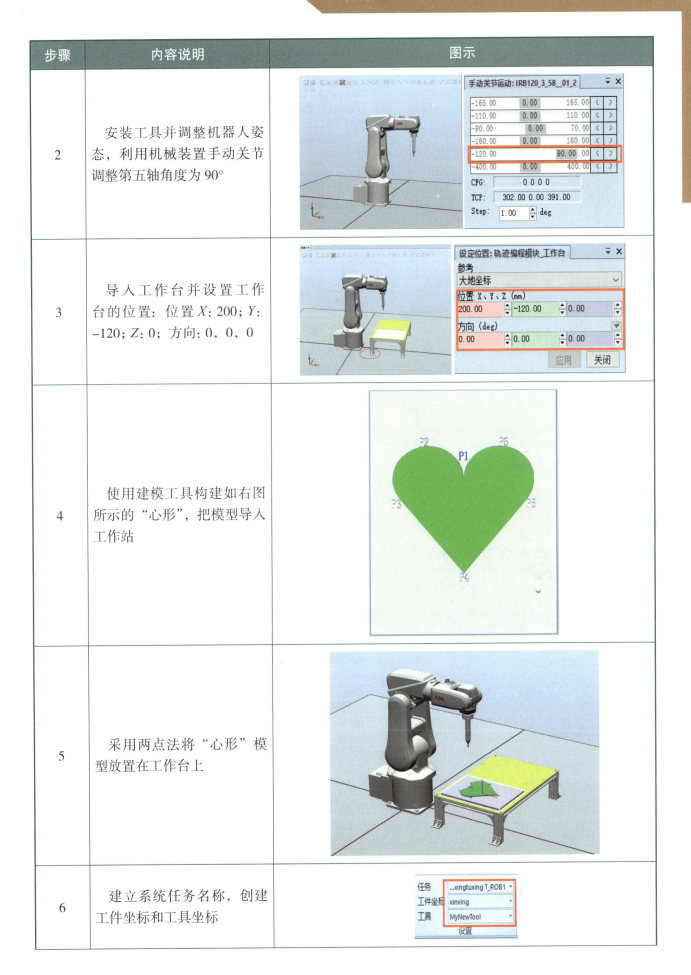
3	导入工作台并设置工作台的位置：位置 X：200；Y：−120；Z：0；方向：0，0，0	
4	使用建模工具构建如右图所示的"心形"，把模型导入工作站	
5	采用两点法将"心形"模型放置在工作台上	
6	建立系统任务名称，创建工件坐标和工具坐标	

步骤	内容说明	图示
7	保持机器人的初始位置，在示教器上添加移动指令"MoveAbsJ*\NoEOffs，v1000，z50，tool0；"	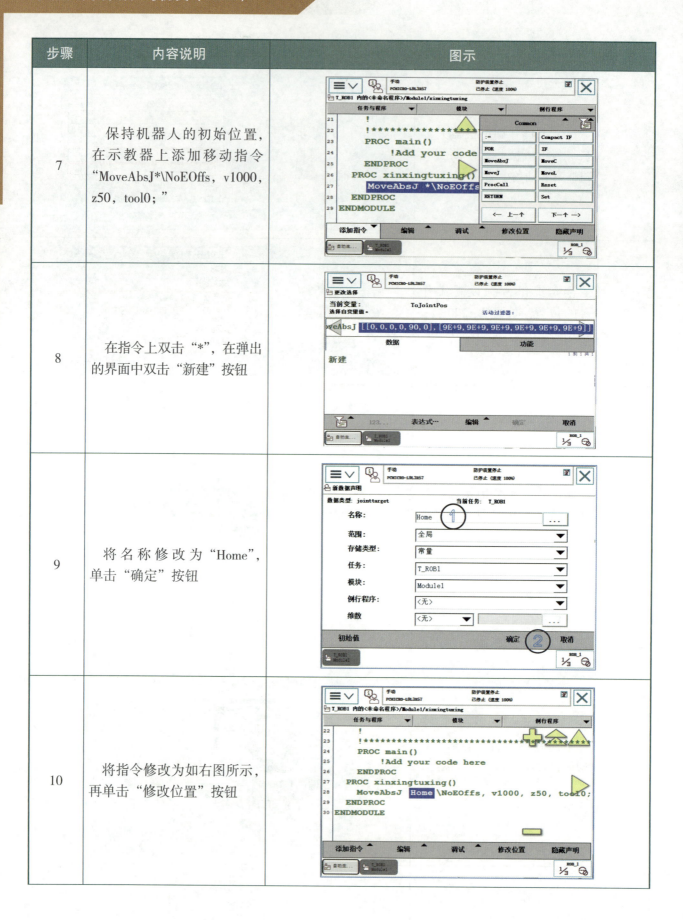
8	在指令上双击"*"，在弹出的界面中双击"新建"按钮	
9	将名称修改为"Home"，单击"确定"按钮	
10	将指令修改为如右图所示，再单击"修改位置"按钮	

步骤	内容说明	图示
11	在示教器上添加移动指令"MoveL *, v1000, fine, tool0;"	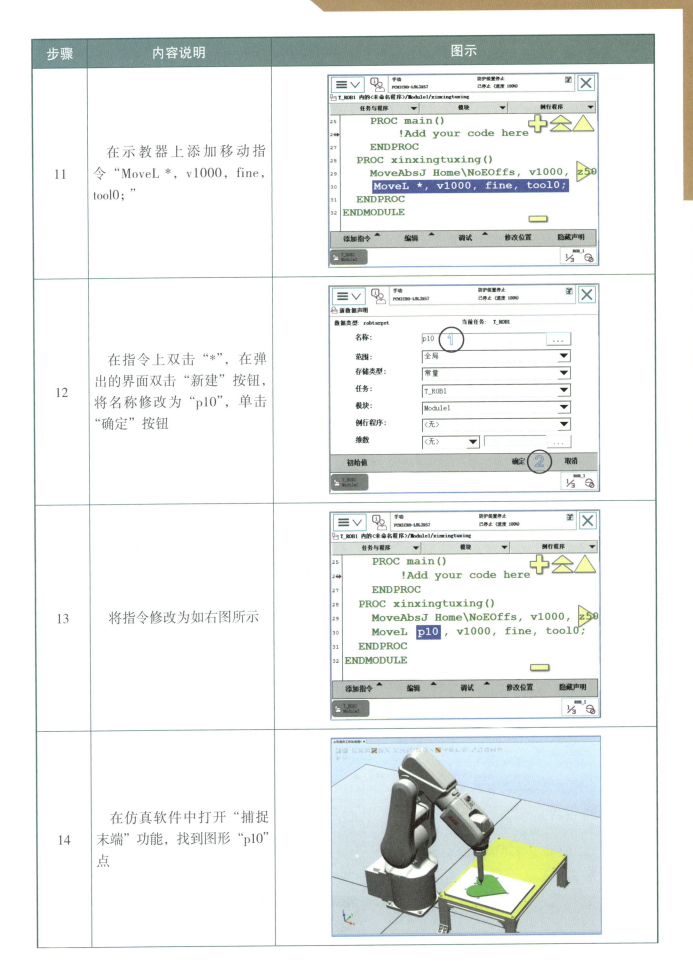
12	在指令上双击"*",在弹出的界面双击"新建"按钮,将名称修改为"p10",单击"确定"按钮	
13	将指令修改为如右图所示	
14	在仿真软件中打开"捕捉末端"功能,找到图形"p10"点	

步骤	内容说明	图示
15	单击机器人指令高亮行中的 p10 点，单击"修改位置"按钮，将 p10 点的位置修改为第一个关键点	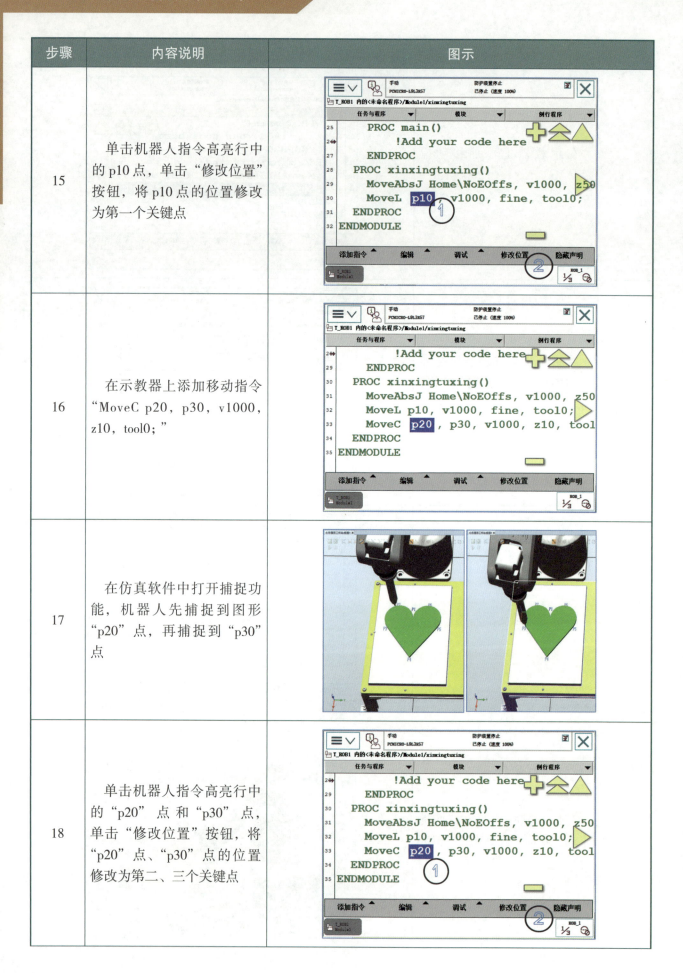
16	在示教器上添加移动指令"MoveC p20, p30, v1000, z10, tool0;"	
17	在仿真软件中打开捕捉功能，机器人先捕捉到图形"p20"点，再捕捉到"p30"点	
18	单击机器人指令高亮行中的"p20"点和"p30"点，单击"修改位置"按钮，将"p20"点、"p30"点的位置修改为第二、三个关键点	

步骤	内容说明	图示
19	在示教器上添加移动指令"MoveL p40，v1000，fine，tool0；"	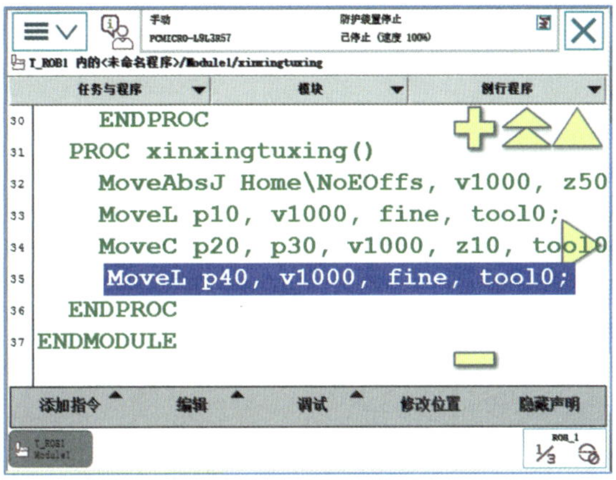
20	在仿真软件中打开捕捉功能，将机器人移动到"心形"的最尖处"p40"点	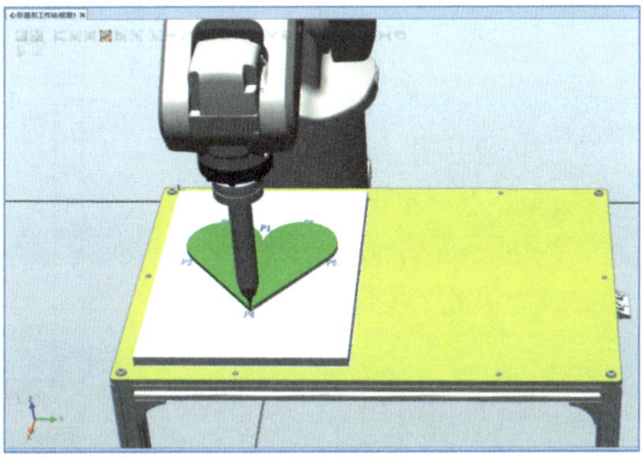
21	单击机器人指令高亮行中的"p40"点，单击"修改位置"按钮，将p40点的位置修改为第四个关键点	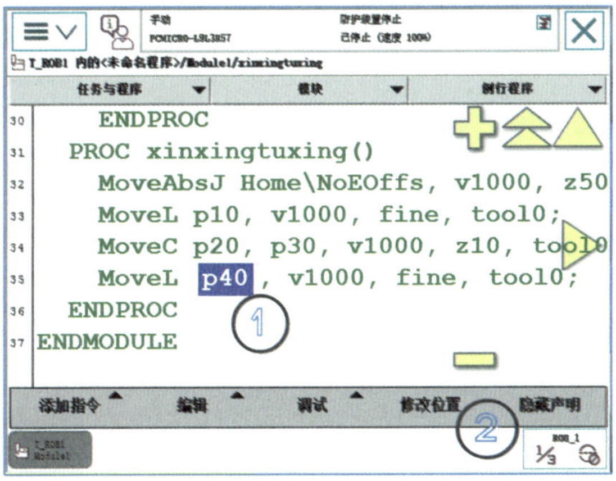
22	在示教器上添加移动指令"MoveL p50，v1000，fine，tool0；"	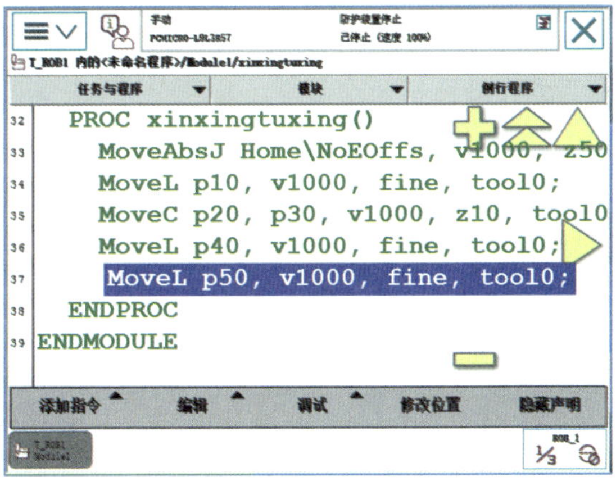

步骤	内容说明	图示
23	在仿真软件中打开捕捉功能，将机器人移动到"心形"的另一侧直线与弧线切点处"p50"点	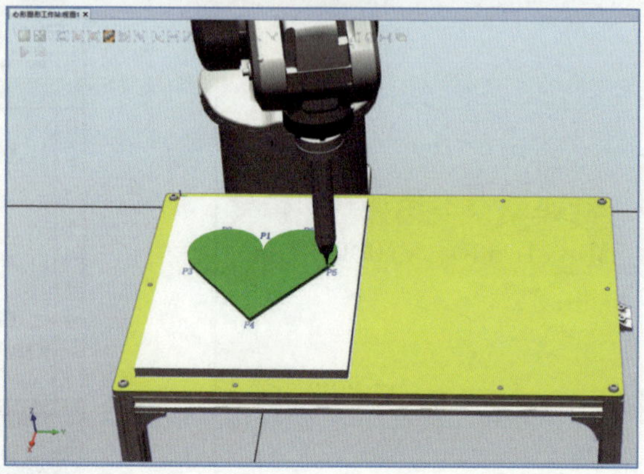
24	单击机器人指令高亮行中的"p50"点，单击"修改位置"按钮，将"p50"点的位置修改为第五个关键点	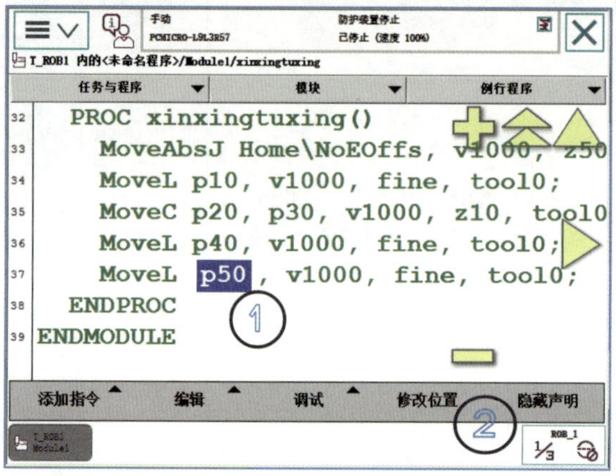
25	在示教器上添加移动指令"MoveC p60，p10，v1000，z10，tool0；"	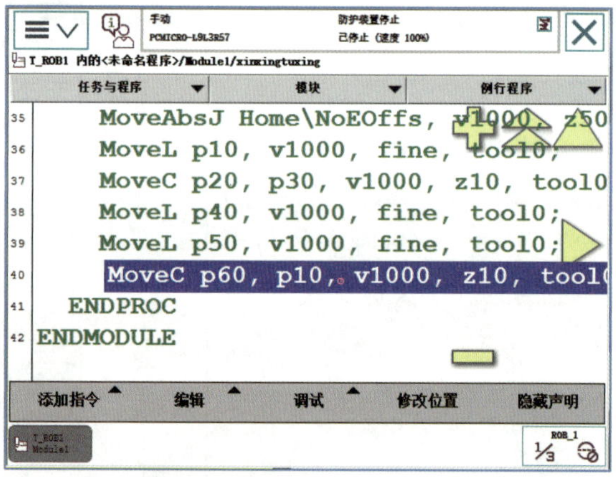
26	在仿真软件中将机器人移动到"心形"的右侧弧线中间位置"p60"点，再捕捉到"p10"点	

步骤	内容说明	图示
27	单击机器人指令高亮行中的"p60"点，单击"修改位置"按钮，将"p60"点的位置修改为第六关键点，"p10"点为第一个关键点	
28	复制移动指令"MoveAbsJ Home\NoEOffs，v1000，z50，tool0；"。 机器人运动轨迹程序就编写完成了	
29	在示教器程序编辑界面单击"调试"按钮，把PP移至例行程序	
30	单击示教器右下角单步运行机器人，即可按照轨迹绘制所需的图形	

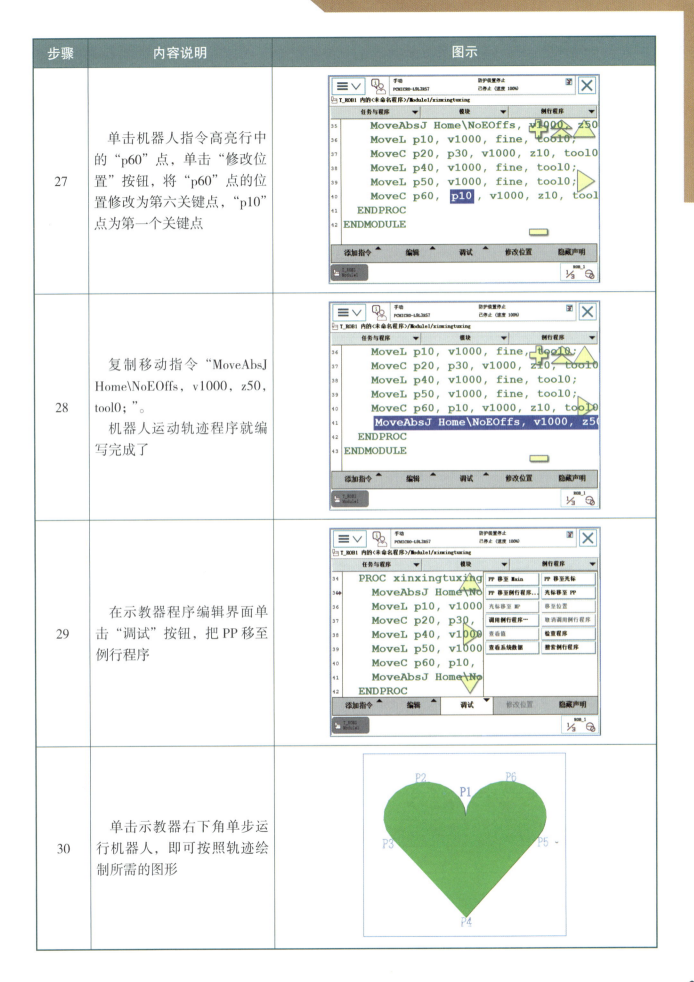

心形图形轨迹
仿真

2.你来练练

按照"做给你看"所示操作步骤完成"心形图形工作站的创建与仿真"任务。

 学习评价

按任务实施评价表对本次任务完成情况进行评价。

任务实施评价表

任务编号			任务名称		分值标准	得分	学生评价	教师评价
考核板块		序号	考核点					
一	职业素养	1	遵守上课纪律（不迟到、旷课、早退，违反一次扣2分）		10分			
		2	工位区域清洁，设备设施维护（未执行扣2分）					
		3	工作表现（参与度）具有团队意识（未执行扣2分）					
		4	严谨专注，精益求精，确保任务实施质量（未执行扣4分）					
二	知识技能		操作要求（未完成的酌情扣分）		40分			
		5	按要求打开相应的工作站（7分）					
		6	选用机器人与要求相符（7分）					
		7	设置相关参数与要求相符（7分）					
		8	能熟练使用软件进行工作站构建（7分）					
		9	能按照相应的要求完成功能（7分）					
		10	调试运行正常（5分）					
三	工艺精度		精度要求（未完成的每项扣10分）		40分			
		11	机器人路径平稳、连续有序					
		12	轨迹在指定加工区域内					
		13	加工工件与要求相符					
		14	机器人实现精准运动					
四	安全文明		操作纪律要求（违反任意一项扣10分）		10分			
		15	遵守考场纪律，服从老师安排					
		16	操作规范，符合安全要求					
		17	不擅自离开考核工位					
五	否定项	18	故意违反操作，损坏设备得0分					
考核总分（100分）								

任务 3 工业机器人仿真运行与视频录制

 任务描述

基本工作站创建完成并设置好相关参数后，即可进行仿真运行和演示。为便于展示工作站，RobotStudio 提供了录制仿真视频和可执行文件的功能。

 任务分析

1. 机器人仿真运行

在 RobotStudio 软件中，为保证虚拟控制器中的数据与工作站的数据一致，需要将虚拟控制器与工作站的数据进行同步。当工作站中的数据被修改后，则需要执行"同步到RAPID"；反之，则需要"同步到工作站"。

2. 录制视频或制作可执行文件

将机器人仿真运动录制成视频，可以在没有安装 RobotStudio 软件的计算机中查看工业机器人的运行，还可以将工作站制成可执行文件，以便更灵活地查看工作站。

 知识链接

工作站系统仿真运行一般需要以下步骤完成：

1. 同步工作站

仿真运行前需将工作站同步到 RAPID 程序，以下两种方式均可。

（1）在"基本"选项卡中，单击"同步"选项，选择"同步到 RAPID"。

（2）在左侧"路径和目标点"栏中以鼠标右键单击"Path_10"，选择"同步到 RAPID"。

2. 设置同步参数

在"同步到 RAPID"对话框中勾选需要同步的项目，一般全部勾选。

3. 仿真设定

仿真设定即设定仿真程序的进入点是主程序 main 还是某一条 Path 路径。

4. 仿真运行

在"仿真"选项卡中，单击"播放"按钮，即可看到机器人按照之前示教的轨迹进行运动，播放完成后，单击"保存"按钮，可以将工作站保存起来。

工业机器人仿真
运行与视频录制

任务实施

1. 做给你看

步骤	内容说明	图示
		工作站系统仿真运行
1	在"基本"选项卡中单击"同步"选项，选择"同步到工作站"	
2	在"同步到工作站"对话框中勾选需要同步的项目，一般全部勾选，然后单击"确定"按钮	
3	在"仿真"选项卡中单击"仿真设定"选项，设置仿真参数	
4	在"仿真设定"对话框中单击系统名称，选择运行模式	

步骤	内容说明	图示
5	在"仿真设定"对话框中单击任务名称,选择进入点,选择运行模式和进入点后,单击"关闭"按钮	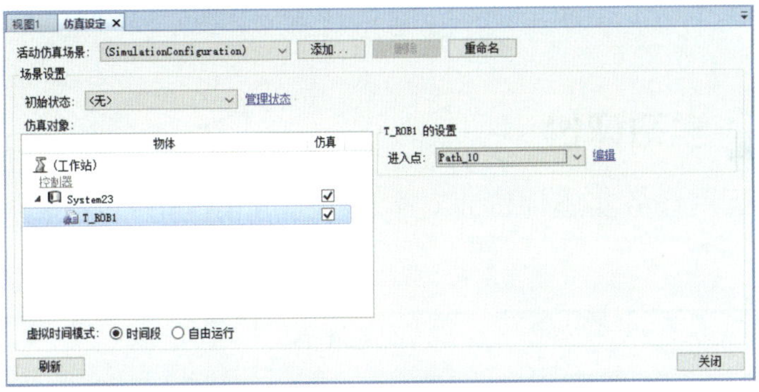
6	在"仿真设定"对话框中单击"播放"按钮,机器人会按照所示教的矩形轨迹运动	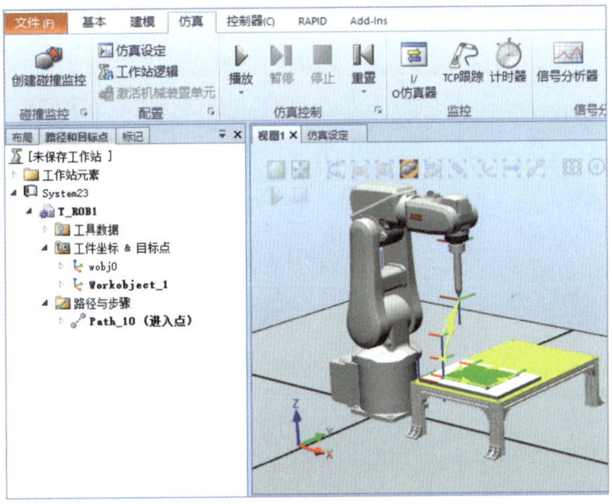
仿真视频录制		
1	在"文件"选项卡中单击"信息"选项,在打开的"选项"对话框中单击"屏幕录像机",对录像的参数进行设定,然后单击"确定"按钮,完成录像设置	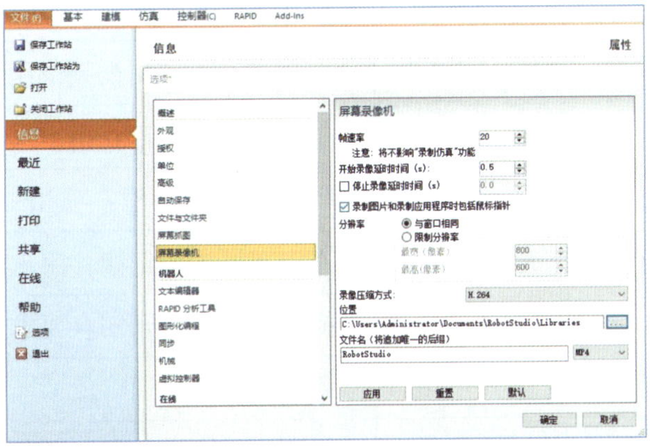
2	在"仿真"选项卡中,单击"播放"按钮,再单击"录制图形"按钮即可完成计算机桌面活动图形的录制。 单击"查看录像",即可打开录制的图像	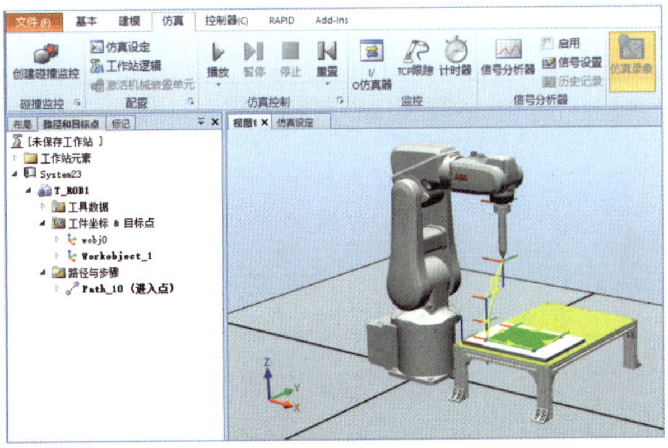

2. 你来练练

参考以上"做给你看"中的步骤，完成"工业机器人仿真运行与视频录制"任务。

 学习评价

运用任务实施评价表对本任务完成情况进行评价。

任务实施评价表

任务编号			任务名称				
考核板块		序号	考核点	分值标准	得分	学生评价	教师评价
一	职业素养	1	遵守上课纪律（不迟到、旷课、早退，违反一次扣2分）	20分			
		2	工位区域清洁，设备设施维护（未执行扣2分）				
		3	工作表现（参与度）具有团队意识（未执行扣2分）				
		4	严谨专注，精益求精，确保任务实施质量（未执行扣4分）				
二	知识技能		操作要求（未完成的项酌情扣分）	50分			
		5	完成工作站系统仿真运行（25分）				
		6	按要求完成仿真视频录制（15分）				
		7	仿真视频文件存在指定文件夹（10分）				
三	安全文明		操作纪律要求（违反任意一项扣10分）	30分			
		8	遵守实训场地纪律，服从老师安排				
		9	操作规范，符合安全要求				
		10	不擅自离开实训工位				
四	否定项	11	故意违反操作，损坏设备得0分				
考核总分（100分）							

 小结

本项目主要介绍了工业机器人基本工作站的创建过程、程序的创建、常用运动指令的运用、仿真运行和录制仿真视图的基本方法。

工业机器人工作站创建过程中要根据实际需求导入不同的模型，并且模型的放置位置要合理。工业机器人工作站创建完成后必须为机器人创建系统，否则后续仿真工作无法进行。建立工业机器人工件坐标系统，能够确保工业机器人准确地按照编程轨迹工作。

练习题

一、填空题

1. 在机器人运动方式中直线运动指令是_____。在机器人运动方式中圆弧运动指令是_____。

2. 工件坐标是用来定义工件_____（或其他坐标）的位置。

3. 一个程序中，最多可以有_____个 mian。

4. 工作站创建完成后，若要进行模拟仿真，还需进行_____操作和相关的设置。

二、判断题

1. RAPID 程序是由程序模块与系统模块组成的。　　　　　　　　　　　　　（　　）

2. 可根据不同用途创建多个程序模块，如用于主控制、位置计算、存放数据的程序模块。　　　　　　　　　　　　　　　　　　　　　　　　　　　　　　　（　　）

3. 在 RAPID 程序中，只有一个主程序 main，且存在于任意一个程序模块中，作为程序执行的起点。　　　　　　　　　　　　　　　　　　　　　　　　　　　　（　　）

4. 在目标点路径验证完成后，不需要对关节轴的参数进行配置。　　　　　　（　　）

5. 若要删除路径 Path，在"路径和目标点"栏中选中所要删除的路径，单击鼠标右键，选择"删除"即可。　　　　　　　　　　　　　　　　　　　　　　　　　　　（　　）

6. RobotStudio 6.08 的仿真录像的压缩方式有 H.264、Windows Media Video 8、Windows Media Video 9 等多种方式。　　　　　　　　　　　　　　　　　　　　　　（　　）

三、选择题

1. 机器人在什么模式下使能器无效？（　　　　）

A. 自动模式　　　　　B. 手动模式　　　　　C. 调试模式　　　　　D. 编程模式

2. 精确回到工作点用哪个 Zone?（　　　　）

A. zl　　　　　　　　B. z0　　　　　　　　C. fine　　　　　　　D. goto

3. MoveL 是什么指令？（　　　　）

A. 运动指令　　　　　B. 逻辑指令　　　　　C. 控制指令　　　　　D. 计时指令

4. 哪个语句能更方便机器人回到原点？（　　　　）

A. MoveC　　　　　　B. MoveL　　　　　　C. MoveJ　　　　　　D. MoveAbsJ

5. 用何种方法定义工件坐标系？（　　　　）

A. 三点法　　　　　　B. 四点法　　　　　　C. 五点法 &Z　　　　　D. 六点法 &Z&X

6. 哪个指令可最方便回到六轴的校准位置？（   ）

A. MoveL   B. MoveJ   C. MoveAbsJ   D. ArcL

7. RobotStudio 6.08 提供的以下录制功能中能够生成可执行文件的是（   ）。

A. 仿真录像   B. 录制应用程序   C. 录制图形   D. 录制视图

四、设计题

请自行设计运行轨迹为五角星形的工业机器人工作站，并完成该图形轨迹程序的创建。

项目五

工业机器人涂胶工作站的创建与仿真

 导言

　　本任务以汽车玻璃涂胶为一种典型的涂胶工作任务，机器人涂胶工作站实训设备主要包括机器人、供胶系统、涂胶工作台、工作站控制系统及其他周边配套设备，一般根据加工需求，进行工作台、控制柜及周边配套设备的设计制造，并完成涂胶系统的集成，可应用于发动机、车窗玻璃、车灯等汽车零部件，家电，五金，工程机械等行业。

 学习目标

【知识目标】

1. 了解汽车玻璃涂胶工作站的任务；

2. 掌握程序数据的创建和目标点的示教；

3. 掌握工业机器人涂胶程序编写及调试；

4. 掌握工作站碰撞监控与 TCP 检测；

5. 掌握创建带导轨和变位机的机器人系统。

【技能目标】

1. 完成工作机器人涂胶工作站的创建与仿真；

2. 通过查询资料完成学习任务，提高搜集资源的能力；

3. 通过程序编写及调试，提高实际应用能力；

4. 通过完成学习任务，提高解决实际问题的能力。

【素养目标】

1. 树立进取意识、效率意识、规范意识；

2. 强化汇报沟通的能力；

3. 提高小组协同学习能力；

4. 增强自动自发、精益求精的精神。

任务 1　涂胶工作站的创建与仿真

 ## 任务描述

本任务以汽车玻璃涂胶为一种典型的涂胶工作任务。使用工业机器人进行加工具有工件涂层均匀、重复精度好、通用性强等优点，能将传统工人从有毒、易燃易爆的工作环境中解放出来，已在汽车、机械制造、家居建材等领域得到广泛应用。

 ## 任务分析

在本任务中主要利用工业机器人进行涂胶操作。机器人接收到涂胶信号时，运动到涂胶起始位置点，胶枪打开沿着轨迹涂胶，最后回到机械原点。学习任务包括：工作站创建、程序数据创建、目标点示教、程序编写及调试。

 ## 知识链接

本任务中需要达到的技术要求有：机器人具备较高的运行速度，涂胶轨迹精度高，准确控制涂胶量，工件涂层均匀等。

涂胶工作站的
创建与仿真

 ## 任务实施

1. 做给你看

步骤	内容说明	图示
1	新建工作站：导入机器人 IRB 2600，把工具 MyNewTool 安装到机器人。导入工作站平台、待加工玻璃模型工件	

步骤	内容说明	图示
2	在"建模"选项卡中，创建离线轨迹曲线：选择工具选为"选择表面"，单击"表面边界"输入框，选择待加工工件的上表面，单击"创建"按钮，显示白色待加工表面轮廓线	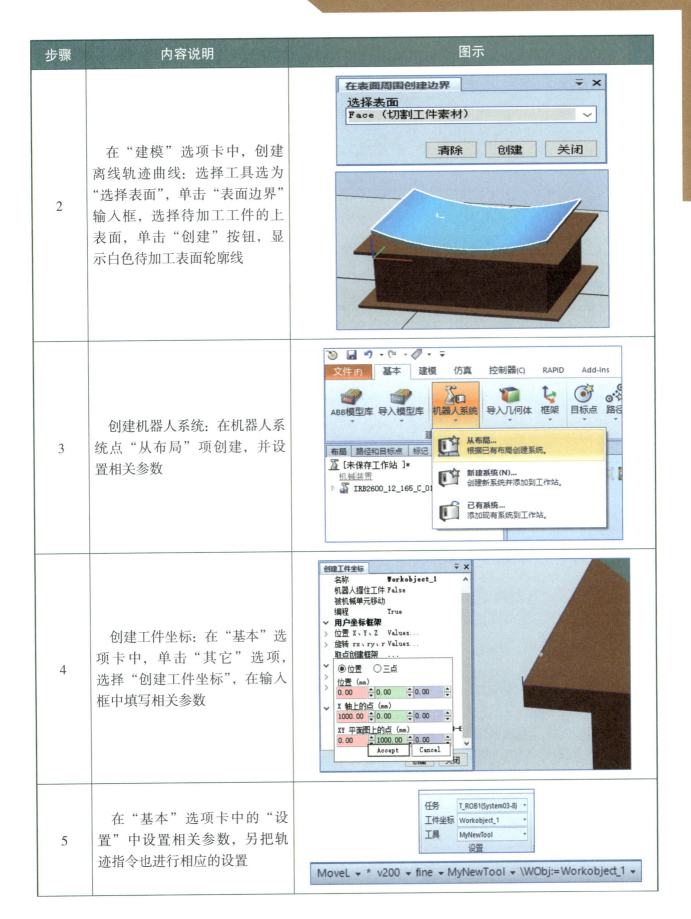
3	创建机器人系统：在机器人系统点"从布局"项创建，并设置相关参数	
4	创建工件坐标：在"基本"选项卡中，单击"其它"选项，选择"创建工件坐标"，在输入框中填写相关参数	
5	在"基本"选项卡中的"设置"中设置相关参数，另把轨迹指令也进行相应的设置	

步骤	内容说明	图示
6	自动生成离线轨迹路径：在"基本"选项卡中，单击"路径"选项，选择"自动路径"	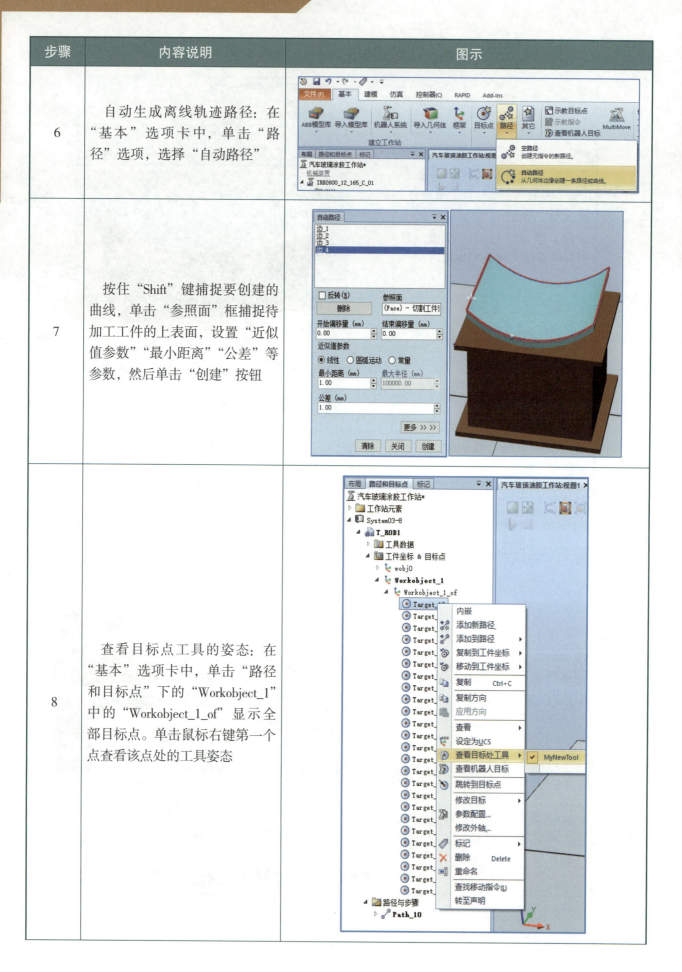
7	按住"Shift"键捕捉要创建的曲线，单击"参照面"框捕捉待加工工件的上表面，设置"近似值参数""最小距离""公差"等参数，然后单击"创建"按钮	
8	查看目标点工具的姿态：在"基本"选项卡中，单击"路径和目标点"下的"Workobject_1"中的"Workobject_1_of"显示全部目标点。单击鼠标右键第一个点查看该点处的工具姿态	

步骤	内容说明	图示
9	调整所有目标点：按住"Shift"+鼠标左键选中剩余的所有目标点，单击鼠标右键，选择"修改目标"中的"对准目标点方向"选项	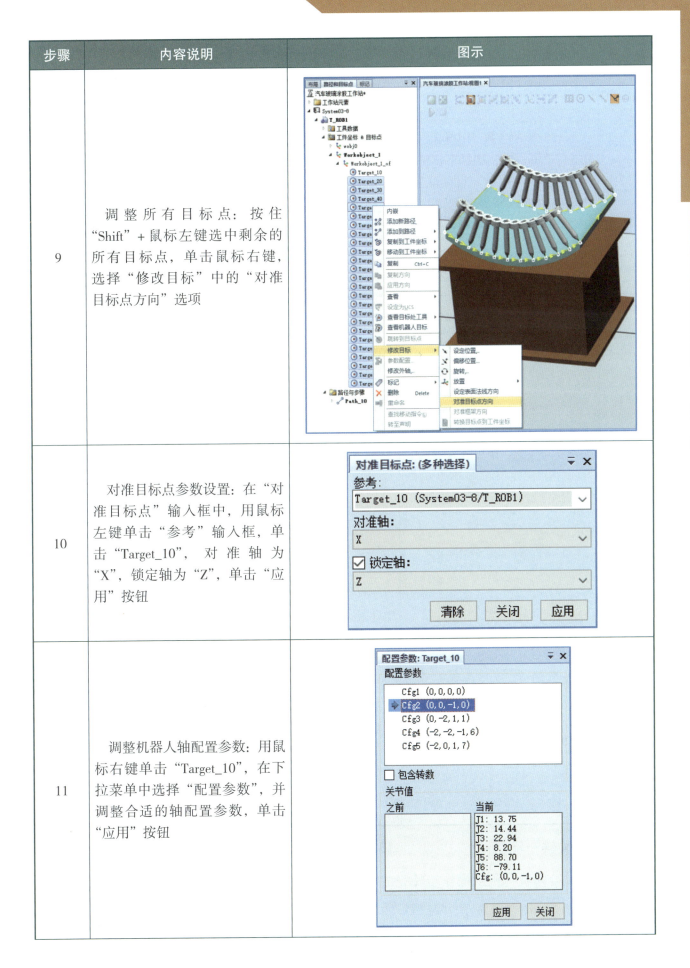
10	对准目标点参数设置：在"对准目标点"输入框中，用鼠标左键单击"参考"输入框，单击"Target_10"，对准轴为"X"，锁定轴为"Z"，单击"应用"按钮	
11	调整机器人轴配置参数：用鼠标右键单击"Target_10"，在下拉菜单中选择"配置参数"，并调整合适的轴配置参数，单击"应用"按钮	

步骤	内容说明	图示
12	自动配置轴参数：用鼠标右键单击"Path_10"，选择下拉菜单"配置参数"中的"自动配置"选项，机器人将沿着轨迹自动运行一次完成参数的自动配置	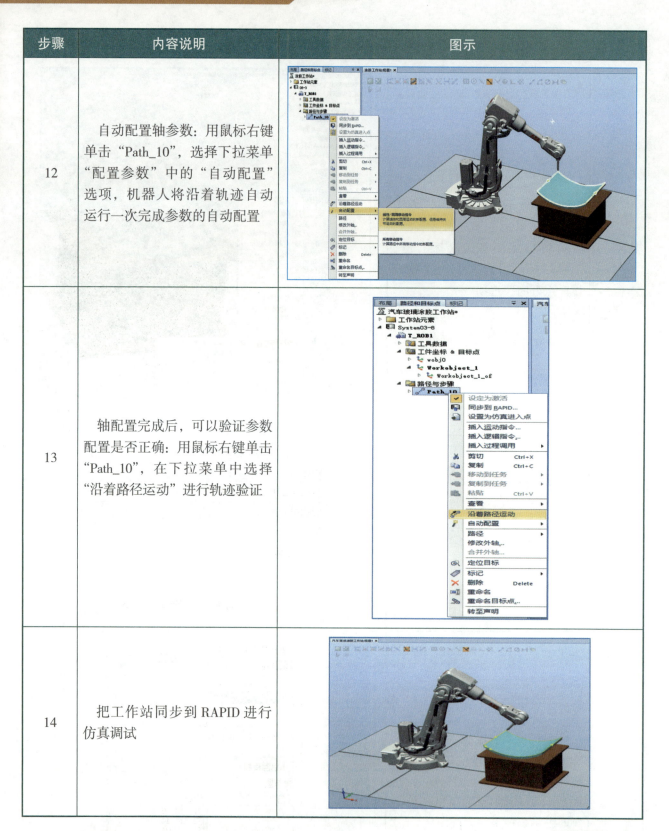
13	轴配置完成后，可以验证参数配置是否正确：用鼠标右键单击"Path_10"，在下拉菜单中选择"沿着路径运动"进行轨迹验证	
14	把工作站同步到 RAPID 进行仿真调试	

2. 你来练练

按照"做给你看"所示操作步骤完成"涂胶工作站的创建与仿真"任务。

涂胶工作站的
仿真

学习评价

运用任务实施评价表对本任务完成情况进行评价。

任务实施评价表

任务编号			任务名称				
考核板块		序号	考核点	分值标准	得分	学生评价	教师评价
一	职业素养	1	遵守上课纪律（不迟到、旷课、早退，违反一次扣2分）	10分			
		2	工位区域清洁，设备设施维护（未执行扣2分）				
		3	工作表现（参与度）具有团队意识（未执行扣2分）				
		4	严谨专注，精益求精，确保任务实施质量（未执行扣4分）				
二	知识技能		操作要求（未完成的项酌情扣分）	40分			
		5	按要求打开相应的工作站（7分）				
		6	选用机器人与要求相符（7分）				
		7	设置相关参数与要求相符（7分）				
		8	能熟练使用软件进行工作站构建（7分）				
		9	能按照相应的要求完成功能（7分）				
		10	调试运行正常（5分）				
三	工艺精度		精度要求（未完成的每项扣10分）	40分			
		11	机器人路径平稳、连续有序				
		12	轨迹在指定加工区域内				
		13	加工工件与要求相符				
		14	机器人实现精准运动				
四	安全文明		操作纪律要求（违反任意一项扣10分）	10分			
		15	遵守实训场地纪律，服从老师安排				
		16	操作规范，符合安全要求				
		17	不擅自离开实训工位				
五	否定项	18	故意违反操作，损坏设备得0分				
考核总分（100分）							

任务2   工作站碰撞监控与 TCP 检测

 任务描述

本任务主要对工业机器人的涂胶操作进行碰撞监控与 TCP 检测，避免机器人与设备发生碰撞事故。在实际生产中一般需要验证工业机器人执行当前运动轨迹是否会与工件或周边设备发生碰撞，因此，可以使用碰撞监控功能进行验证。另外工业机器人在运动时可通过 TCP 跟踪的功能把机器人运行轨迹记录下来，加以分析来判断工业机器人的轨迹是否保证工艺的要求。

 任务分析

通过软件进行模拟仿真验证工业机器人轨迹的可行性，在运动过程中是否会与周边设备发生碰撞，在实际加工过程中机器人与加工工件表面的距离要保持在合理的范围内，从而提高加工质量。

工作站碰撞监控

 知识链接

本任务中需要利用软件的工业机器人碰撞监控功能和 TCP 检测功能。

 任务实施

1. 做给你看

步骤	内容说明	图示
1	创建碰撞监控：在"仿真"选项卡中，单击"创建碰撞监控"选项，创建"碰撞检测设定_1"	

步骤	内容说明	图示
2	单击展开"碰撞检测设定_1"，显示出"ObjectsA"和"ObjectsB"	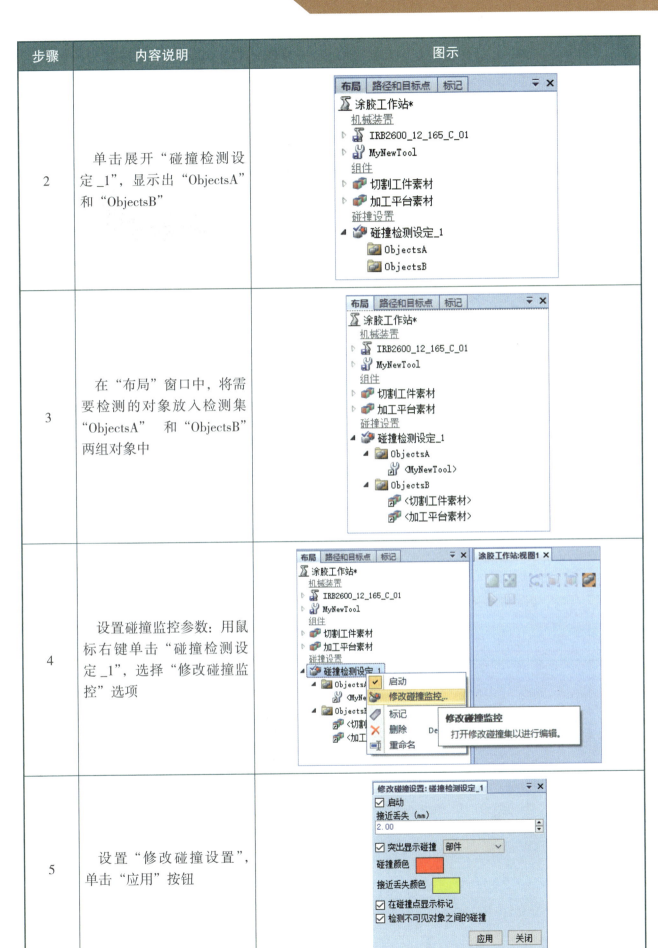
3	在"布局"窗口中，将需要检测的对象放入检测集"ObjectsA"和"ObjectsB"两组对象中	
4	设置碰撞监控参数：用鼠标右键单击"碰撞检测设定_1"，选择"修改碰撞监控"选项	
5	设置"修改碰撞设置"，单击"应用"按钮	

步骤	内容说明	图示
6	用手动拖动机器人工具 MyNewTool 与加工工件发生碰撞，查看碰撞效果。 注意：输出栏显示输出的碰撞信息	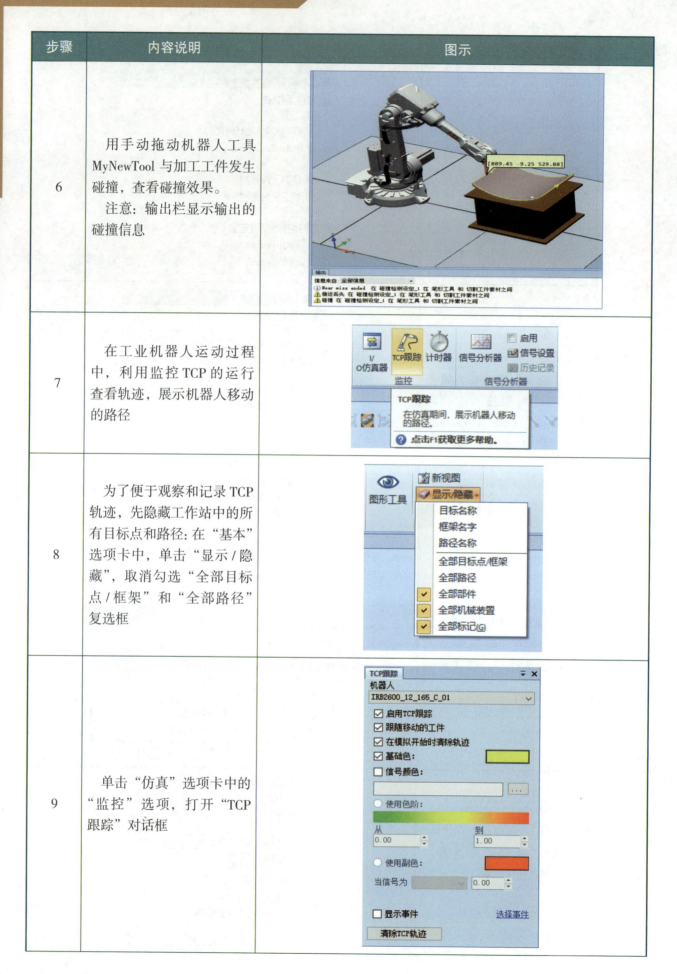
7	在工业机器人运动过程中，利用监控 TCP 的运行查看轨迹，展示机器人移动的路径	
8	为了便于观察和记录 TCP 轨迹，先隐藏工作站中的所有目标点和路径：在"基本"选项卡中，单击"显示／隐藏"，取消勾选"全部目标点／框架"和"全部路径"复选框	
9	单击"仿真"选项卡中的"监控"选项，打开"TCP 跟踪"对话框	

步骤	内容说明	图示
10	设置完成后，在"仿真"选项卡中，单击"播放"按钮，就可以记录机器人运行轨迹并监控工业机器人运行速度是否超出限值范围	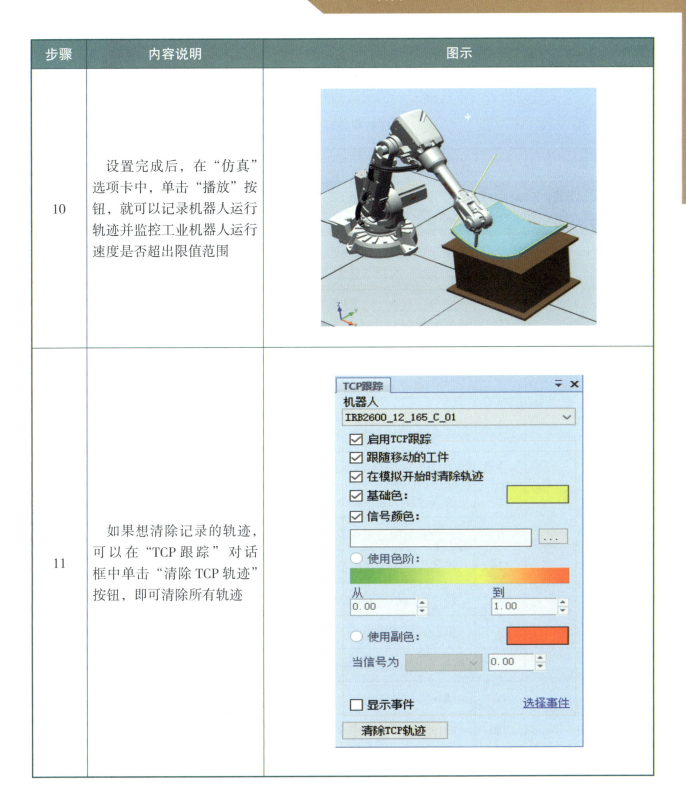
11	如果想清除记录的轨迹，可以在"TCP跟踪"对话框中单击"清除TCP轨迹"按钮，即可清除所有轨迹	

2. 你来练练

按照"做给你看"所示操作步骤完成"工作站碰撞监控与TCP检测"任务。

工作站 TCP 检测

学习评价

运用任务实施评价表对本任务完成情况进行评价。

任务实施评价表

任务编号		任务名称					
考核板块		序号	考核点	分值标准	得分	学生评价	教师评价
一	职业素养	1	遵守上课纪律（不迟到、旷课、早退，违反一次扣2分）	20分			
		2	工位区域清洁，设备设施维护（未执行扣4分）				
		3	工作表现（参与度）具有团队意识（未执行扣4分）				
		4	严谨专注，精益求精，确保任务实施质量（未执行扣8分）				
二	知识技能		操作要求（未完成的每项扣10分）	50分			
		5	仿真验证工业机器人轨迹的可行性				
		6	是否会与周边设备发生碰撞显示				
		7	机器人与加工工件表面的距离合理				
		8	碰撞监控功能和TCP检测				
		9	机器人加工质量				
三	安全文明		操作纪律要求（违反每项扣10分）	30分			
		10	遵守实训场地纪律，服从老师安排				
		11	操作规范，符合安全要求				
		12	不擅自离开实训工位				
四	否定项	13	故意违反操作，损坏设备得0分				
考核总分（100分）							

任务 3　创建带导轨的机器人系统

任务描述

　　本任务主要学习带导轨和变位机的机器人系统的创建与应用。本任务通过 RobotStudio 软件自带的导轨"IRBT 4004"装置进行创建。

任务分析

　　工业生产运输轨道是一种用于工业运输的轨道，可通过软件进行模拟仿真验证创建带导轨的机器人运动模式。

知识链接

　　本任务中的工业机器人导轨系统包括底座和安装槽，底座的内部设置有第一安装槽，所述安装槽的内部固定安装有驱动电机，底座的顶端设置有支撑座，支撑座的顶端固定连接有基座，基座的顶端固定连接有轨道本体。

创建带导轨的
机器人系统

任务实施

1. 做给你看

步骤	内容说明	图示
1	创建一个新工作站：在模型库中选择机器人"IRB 2600"和导轨"IRBT 4004"	

步骤	内容说明	图示
2	按规定设定导轨参数后将机器人拖放到导轨上面，更新位置	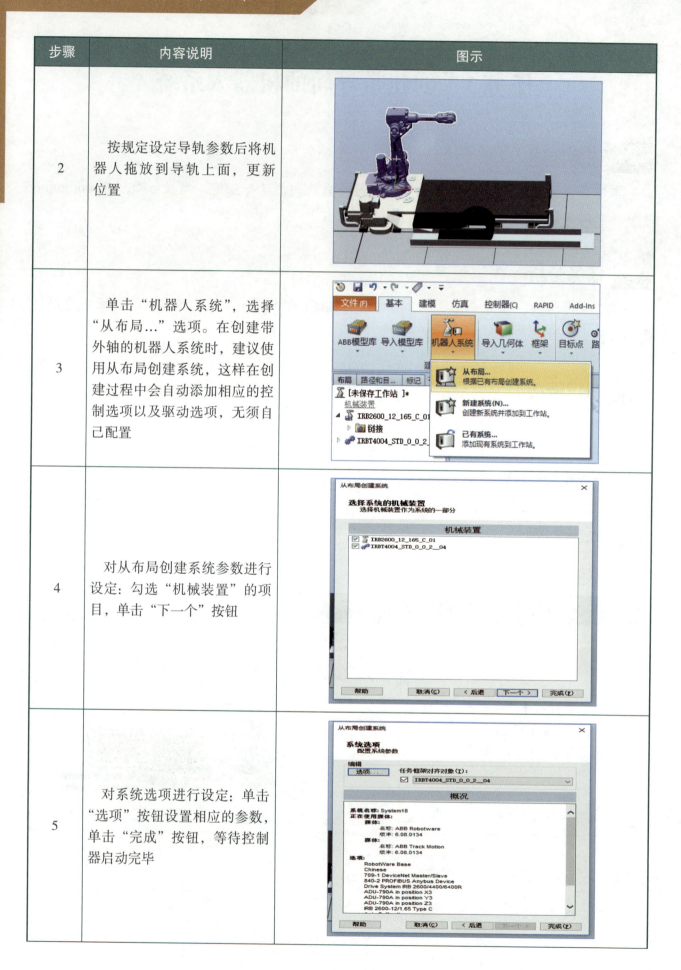
3	单击"机器人系统"，选择"从布局…"选项。在创建带外轴的机器人系统时，建议使用从布局创建系统，这样在创建过程中会自动添加相应的控制选项以及驱动选项，无须自己配置	
4	对从布局创建系统参数进行设定：勾选"机械装置"的项目，单击"下一个"按钮	
5	对系统选项进行设定：单击"选项"按钮设置相应的参数，单击"完成"按钮，等待控制器启动完毕	

步骤	内容说明	图示
6	选择添加"空路径"Path_10	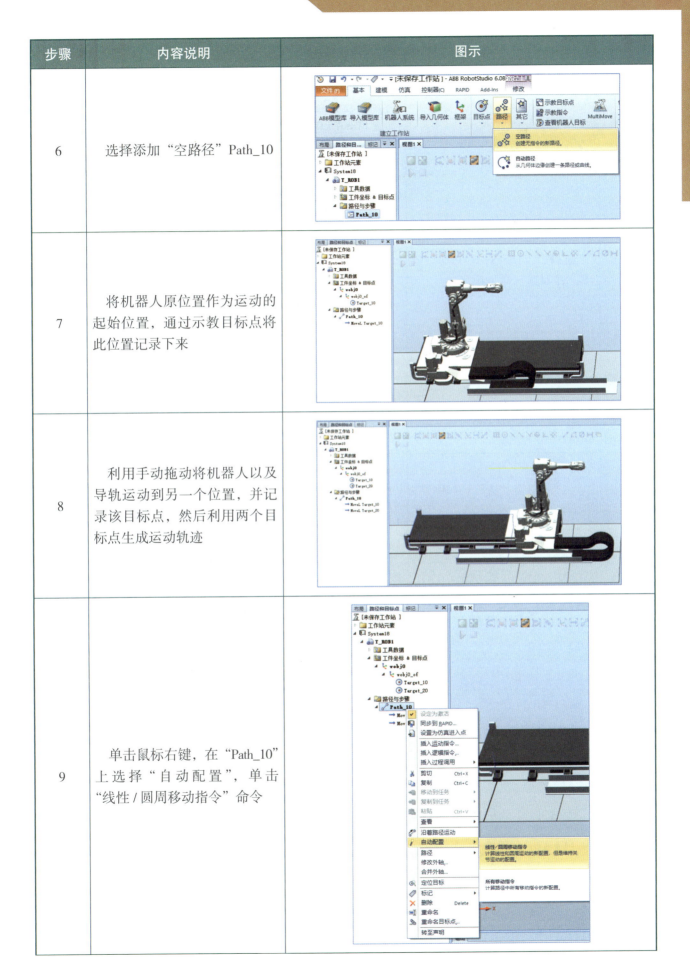
7	将机器人原位置作为运动的起始位置，通过示教目标点将此位置记录下来	
8	利用手动拖动将机器人以及导轨运动到另一个位置，并记录该目标点，然后利用两个目标点生成运动轨迹	
9	单击鼠标右键，在"Path_10"上选择"自动配置"，单击"线性/圆周移动指令"命令	

步骤	内容说明	图示
10	单击鼠标右键，在"Path_10"上选择"同步到RAPID"选项，并勾选"同步项"	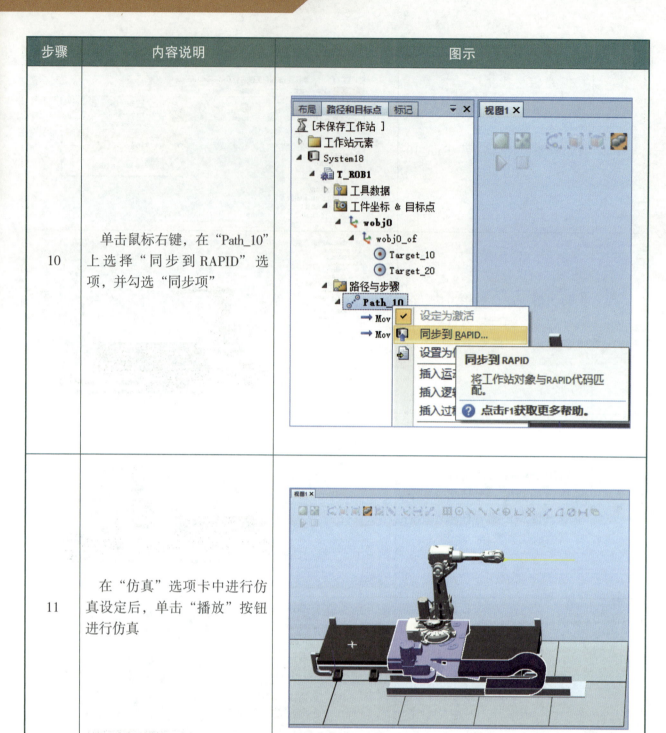
11	在"仿真"选项卡中进行仿真设定后，单击"播放"按钮进行仿真	

2. 你来练练

按照"做给你看"所示操作步骤完成"创建带导轨的机器人系统"任务。

 **学习评价**

运用任务实施评价表对本任务完成情况进行评价。

任务实施评价表

任务编号			任务名称				
考核板块		序号	考核点	分值标准	得分	学生评价	教师评价
一	职业素养	1	遵守上课纪律（不迟到、旷课、早退，违反一次扣2分）	20分			
		2	工位区域清洁，设备设施维护（未执行扣2分）				
		3	工作表现（参与度）具有团队意识（未执行扣2分）				
		4	严谨专注，精益求精，确保任务实施质量（未执行扣5分）				
二	知识技能		操作要求（未完成的每项扣10分）	50分			
		5	正确创建带导轨和变位机				
		6	对从布局创建系统进行设定参数				
		7	手动拖动将机器人以及导轨运动到另一个位置				
		8	运动符合加工要求				
		9	仿真设定后，正常进行仿真				
三	安全文明		操作纪律要求（违反每项扣10分）	30分			
		10	遵守实训场地纪律，服从老师安排				
		11	操作规范，符合安全要求				
		12	不擅自离开实训工位				
四	否定项	13	故意违反操作，损坏设备得0分				
考核总分（100分）							

练习题

一、填空题

1. 创建工件坐标取点创建框架时主要有_____和_____两种形式。

2. 机器人目标点进行轴参数配置主要有_____和_____两种方法。

3. 在清除记录的轨迹中，可在"仿真监控"对话框中单击_____按钮。

4. 工业机器人运行过程中，TCP跟踪功能可以监控运动轨迹和运动_____。

二、判断题

1. 在工业机器人TCP跟踪功能的使用中，可以记录工业机器人的运动轨迹。　　（　　）

2. TCP跟踪功能参数中可以自定义跟踪颜色。　　（　　）

3. 设置碰撞监控参数，用鼠标右键单击"碰撞检测设定"，选择"修改碰撞监控"。（　　）

4. 用户坐标系的创建是以机器人的特征为基准的。　　（　　）

三、选择题

1. 在工业机器人应用中，如激光切割、涂胶等，经常需要对一些不规则的曲线进行处理，通常可以采用在线（　　）进行处理。

A. 图形法　　　　　B. 描点法　　　　　C. 拖拽法　　　　　D. 跟踪法

2. 在实际的工业机器人工作站中，机器人轨迹路径中的（　　）点根据需要可以设置在机械原点上。

A. 轨迹起始接近点　　　　　B. 原始点

C. 安全点　　　　　D. 离开点

3. 工业机器人自动生成的轨迹目标点必须对目标点的（　　）进行调整。

A. 姿态　　　　B. 位移　　　　C. 角度　　　　D. 速度

4. 工业生产运输轨道是一种用于工业运输时使用的（　　）。

A. 模具　　　　B. 设备　　　　C. 轨道　　　　D. 工件

5. 工业机器人导轨系统，包括底座和（　　）。

A. 工件　　　　B. 引线　　　　C. 底盘　　　　D. 安装槽

项目六

工业机器人雕刻工作站的创建与仿真

 导言

　　在科技发展日新月异的今天，随着我国的综合实力不断增强，工业机器人的应用已经被不断引入各行各业。本项目主要介绍利用 ABB 机器人，结合 RobotStudio 离线编程软件创建激光雕刻工作站，既可以按工业设计标准进行实际意义上的雕刻工作，又能全面演示机器人雕刻产业的工艺流程。雕刻机器人应用于铝、塑料、木料、玻璃、碳化纤维、复合材料等大型、复杂工件的高速铣削、钻削、雕刻加工。

 学习目标

【知识目标】

1. 了解工业机器人雕刻过程中的原理；

2. 掌握工业机器人系统生成实际程序数据的创建；

3. 掌握工业机器人雕刻文字工作站的创建；

4. 掌握工业机器人雕刻图案工作站的创建。

【技能目标】

1. 完成工业机器人雕刻文字、雕刻图案工作站的创建与仿真；

2. 通过查询资料完成学习任务，提高搜集资源的能力；

3. 通过填写报表，提高制作分析报表的能力；

4. 通过完成学习任务，提高解决实际问题的能力。

【素养目标】

1. 树立进取意识、效率意识、规范意识；
2. 强化汇报沟通的能力；
3. 提高小组协同学习能力；
4. 增强自动自发、精益求精的精神。

任务1　雕刻文字工作站的创建与仿真

 任务描述

在本任务中主要通过工业机器人进行文字雕刻操作，利用 RobotStudio 自动路径功能，自动生成机器人雕刻文字"王"字的运行轨迹。

 任务分析

在本任务机器人雕刻的过程中，需要对激光的启动和停止进行合理的控制，所以需要配置机器人的输入输出信号，并且在雕刻程序开始之前要置位控制信号，保证激光能正常输出；在结束雕刻之后，保证机器人输出信号复位，使激光发生器停止输出，避免一直出光损坏已经雕刻好的工件。

 知识链接

本任务中我们需要完成"生成实际程序数据—创建程序—加载程序雕刻文字"几个任务。程序数据主要是指雕刻刀具的 TCP 数据和工件坐标系数据，这些数据在后面利用 RobotArt 创建程序时是要用到的。

雕刻文字工作站的创建与仿真

任务实施

1. 做给你看

步骤	内容说明	图示
1	在 ABB 模型库导入 IRB 120 机器人	
2	导入工具：单击"导入模型库"选项，选择"设备"，在"Training Objects"中选取模拟雕刻工具 myTool 并安装到机器人	
3	导入工作台，设置工作台的摆放位置，把模型导入放置在工作台上	

步骤	内容说明	图示
4	创建机器人系统，设置创建系统名称	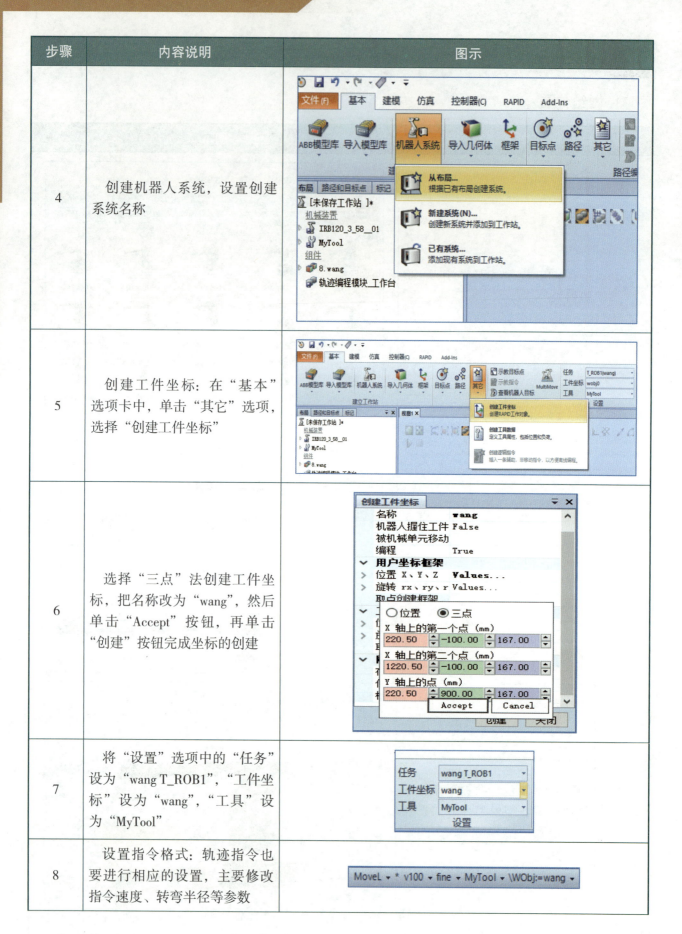
5	创建工件坐标：在"基本"选项卡中，单击"其它"选项，选择"创建工件坐标"	
6	选择"三点"法创建工件坐标，把名称改为"wang"，然后单击"Accept"按钮，再单击"创建"按钮完成坐标的创建	
7	将"设置"选项中的"任务"设为"wang T_ROB1"，"工件坐标"设为"wang"，"工具"设为"MyTool"	
8	设置指令格式：轨迹指令也要进行相应的设置，主要修改指令速度、转弯半径等参数	

步骤	内容说明	图示
9	创建自动生成离线轨迹路径：在"基本"选项卡中，单击"路径"选项，选择"自动路径"	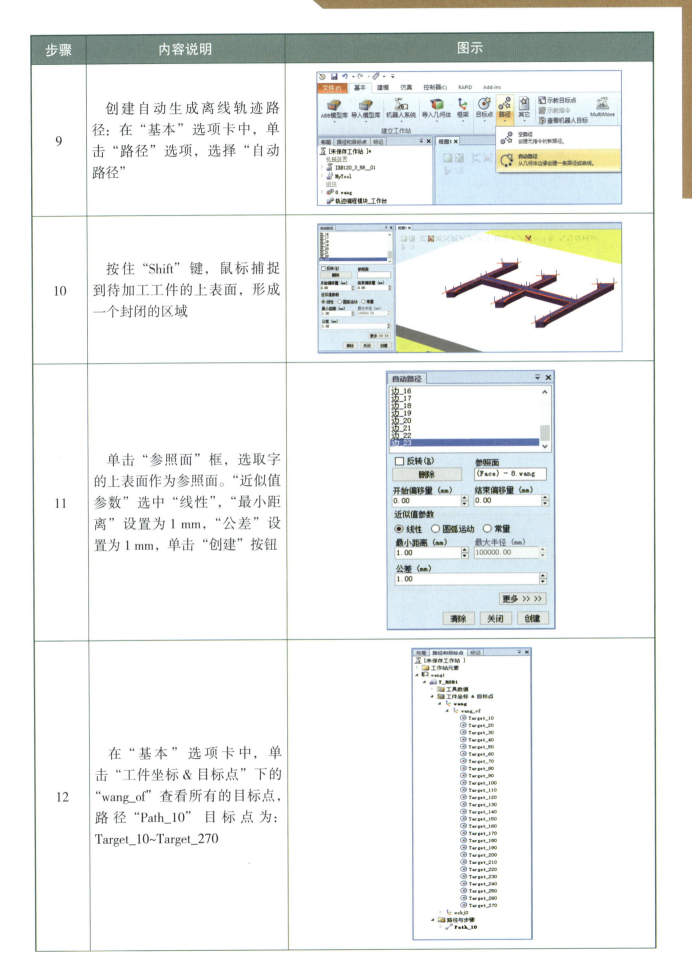
10	按住"Shift"键，鼠标捕捉到待加工工件的上表面，形成一个封闭的区域	
11	单击"参照面"框，选取字的上表面作为参照面。"近似值参数"选中"线性"，"最小距离"设置为 1 mm，"公差"设置为 1 mm，单击"创建"按钮	
12	在"基本"选项卡中，单击"工件坐标 & 目标点"下的"wang_of"查看所有的目标点，路径"Path_10"目标点为：Target_10~Target_270	

步骤	内容说明	图示
13	对轨迹目标点进行调整：选择要查看的目标点，在第一个目标点 Target_10 上单击鼠标右键，选择"查看目标处工具"，单击"MyTool"选项	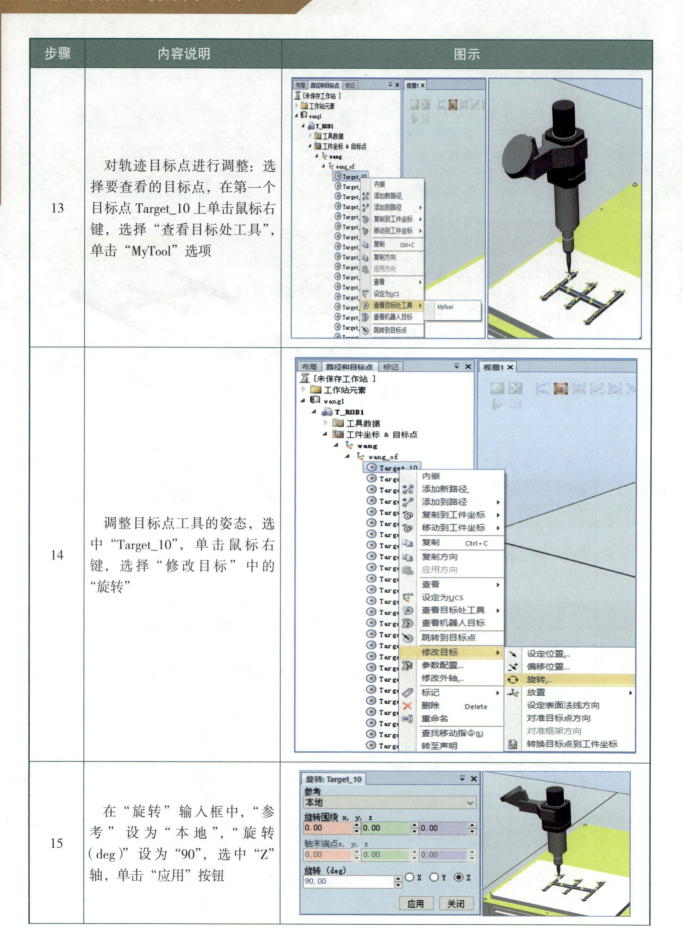
14	调整目标点工具的姿态，选中"Target_10"，单击鼠标右键，选择"修改目标"中的"旋转"	
15	在"旋转"输入框中，"参考"设为"本地"，"旋转（deg）"设为"90"，选中"Z"轴，单击"应用"按钮	

步骤	内容说明	图示
16	第一个目标点 Target_10 调整完毕后，需要把其他的点也做调整。按"Shift"+鼠标左键选中剩余的所有目标点。单击鼠标右键，选择"修改目标"中的"对准目标点方向"选项	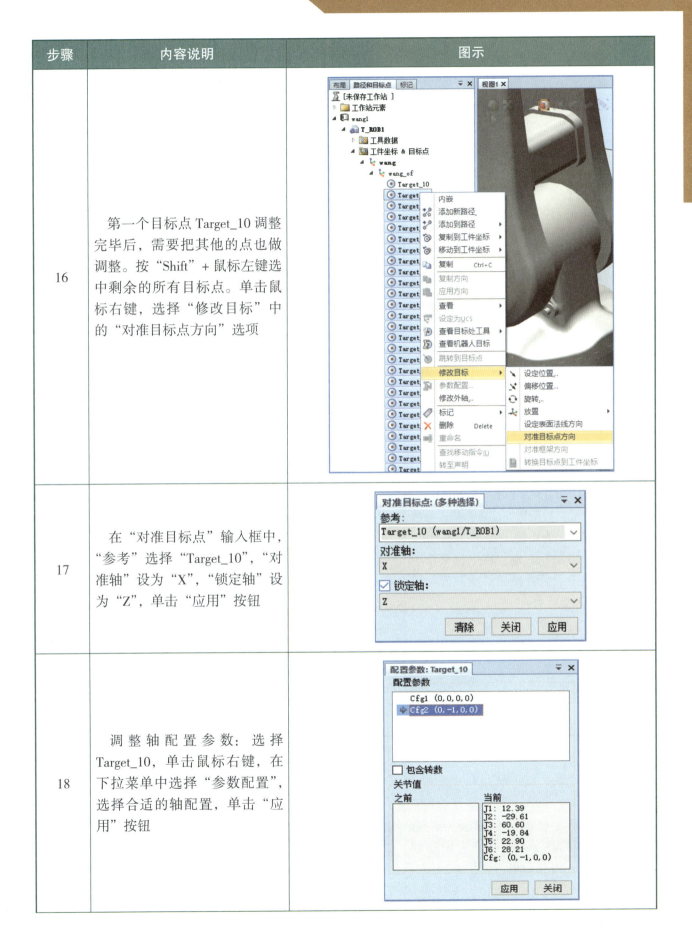
17	在"对准目标点"输入框中，"参考"选择"Target_10"，"对准轴"设为"X"，"锁定轴"设为"Z"，单击"应用"按钮	
18	调整轴配置参数：选择 Target_10，单击鼠标右键，在下拉菜单中选择"参数配置"，选择合适的轴配置，单击"应用"按钮	

步骤	内容说明	图示
19	自动配置轴参数：选中"Path_10"，单击鼠标右键，选择下拉菜单"自动配置"中的"线性/圆周移动指令"	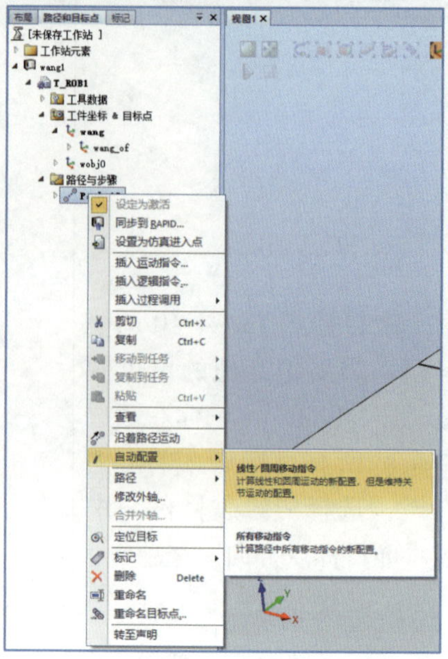
20	轴参数配置完成后，验证参数配置是否正确：选中"Path_10"，单击鼠标右键，在下拉菜单中单击"沿着路径运动"进行验证	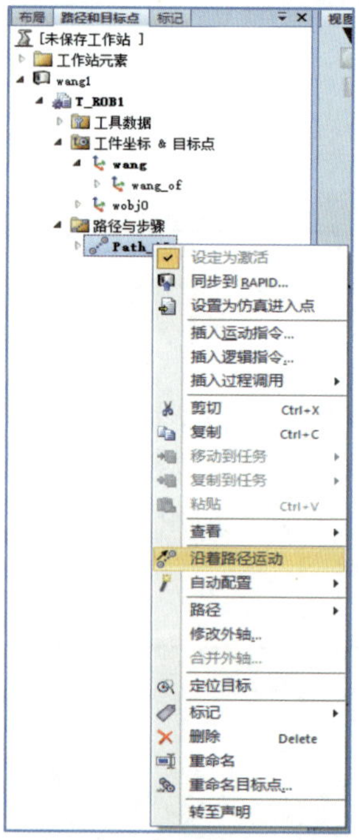
21	设置机器人的过渡点，重命名为"guodu"，把它添加到Path_10指令里	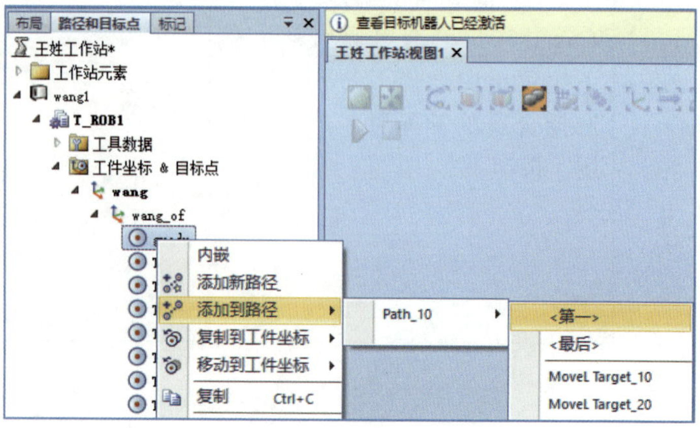

步骤	内容说明	图示
22	设置机器人的 Home 点，重命名为 "home"，把它添加到 Path_10 的指令里	
23	把大范围运动的指令调整为关节运动	
24	轴参数配置完成后，"沿着路径运动"进行验证，再把工作站同步到 RAPID 进行仿真调试	

2. 你来练练

参考 "做给你看" 所示操作步骤完成 "雕刻文字工作站的创建与仿真" 任务。

雕刻文字工作站
仿真

学习评价

按任务实施评价表对本次任务完成情况进行评价。

任务实施评价表

任务编号			任务名称					
考核板块		序号	考核点	分值标准	得分	学生评价	教师评价	
一	职业素养	1	遵守上课纪律（不迟到、旷课、早退，违反一次扣2分）	10分				
		2	工位区域清洁，设备设施维护（未执行扣2分）					
		3	工作表现（参与度）具有团队意识（未执行扣2分）					
		4	严谨专注，精益求精，确保任务实施质量（未执行扣5分）					
二	知识技能		操作要求（未完成的项酌情扣分）	40分				
		5	按要求打开相应的工作站（7分）					
		6	选用机器人与要求相符（7分）					
		7	设置相关参数与要求相符（7分）					
		8	能熟练使用软件进行工作站构建（7分）					
		9	能按照相应的要求完成功能（7分）					
		10	调试运行正常（5分）					
三	工艺精度		精度要求（未完成的每项扣10分）	40分				
		11	机器人路径平稳、连续有序					
		12	轨迹在指定加工区域内					
		13	加工工件与要求相符					
		14	机器人实现精准运动					
四	安全文明		操作纪律要求（违反任意一项扣10分）	10分				
		15	遵守实训场地纪律，服从老师安排					
		16	操作规范，符合安全要求					
		17	不擅自离开考核工位					
五	否定项	18	故意违反操作，损坏设备得0分					
考核总分（100分）								

任务 2　雕刻图案工作站的创建与仿真

 任务描述

在本任务中主要通过工业机器人进行图案雕刻操作，利用 RobotStudio 自动路径功能，自动生成机器人雕刻"福"字图形的运行轨迹。

 任务分析

在机器人雕刻图案过程中，需要对图案进行合理的控制分析，需要配置机器人的输入输出信号，并且在雕刻程序开始之前要置位控制信号，保证激光能正常输出；在结束雕刻之后，保证机器人输出信号复位，使激光发生器停止输出，避免一直出光损坏已经雕刻好的工件。

 知识链接

本任务中我们需要完成生成实际程序数据—创建程序—加载程序雕刻图案几个任务。程序数据主要是指雕刻刀具的 TCP 数据和工件坐标系数据。

雕刻图案工作站
的创建与仿真

 任务实施

1. 做给你看

步骤	内容说明	图示
1	在 ABB 模型库导入 IRB 120 机器人	

步骤	内容说明	图示
2	导入工具：单击"导入模型库"选项，选择"设备"，在"Training Objects"中选取模拟雕刻工具myTool并安装到机器人	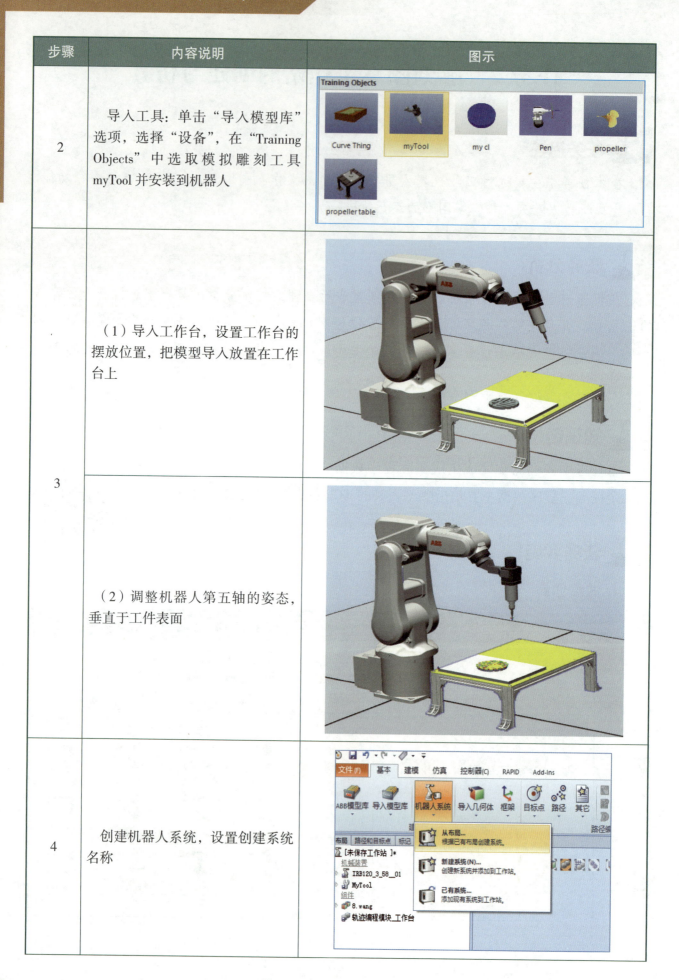
3	（1）导入工作台，设置工作台的摆放位置，把模型导入放置在工作台上	
	（2）调整机器人第五轴的姿态，垂直于工件表面	
4	创建机器人系统，设置创建系统名称	

步骤	内容说明	图示
5	创建工件坐标：在"基本"选项卡中，单击"其它"选项，选择"创建工件坐标"	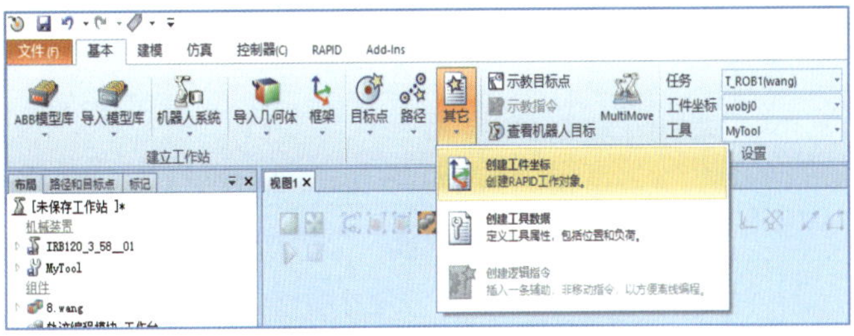
6	选择"三点"法创建工件坐标，把名称改为"fu"，然后单击"Accept"按钮，再单击"创建"按钮完成坐标的创建	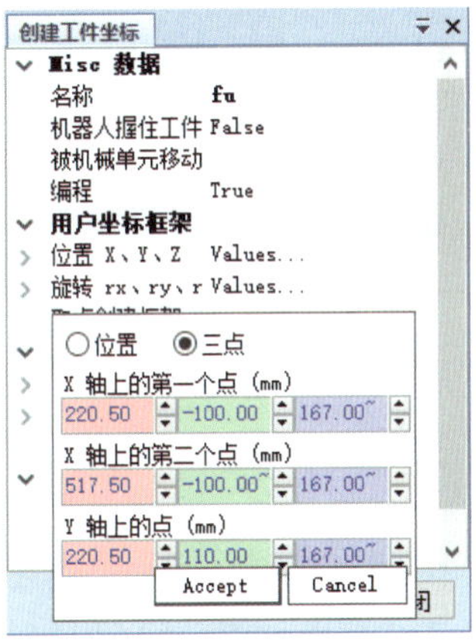
7	将"设置"选项中的"任务"设为"T_ROB1（fu）"，"工件坐标"设为"fu"，"工具"设为"MyTool"	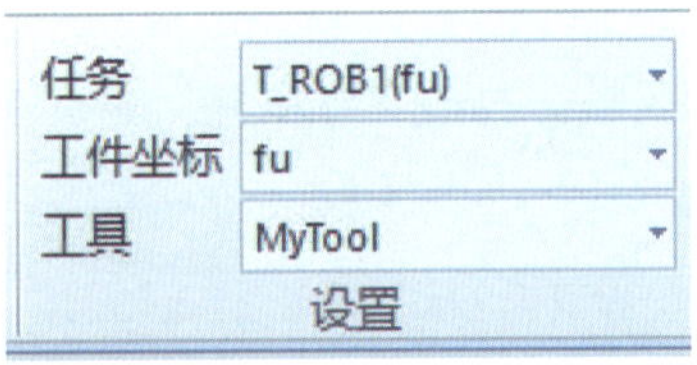
8	设置指令格式，轨迹指令也要进行相应的设置，主要修改指令速度、转弯半径等参数	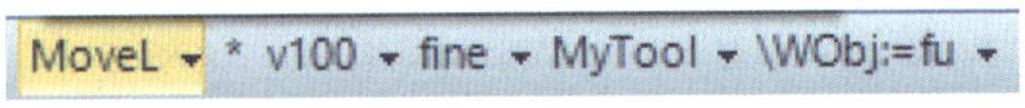 MoveL ▾ * v100 ▾ fine ▾ MyTool ▾ \WObj:=fu ▾
9	创建自动生成离线轨迹路径。在"基本"选项卡中，单击"路径"，选择"自动路径"	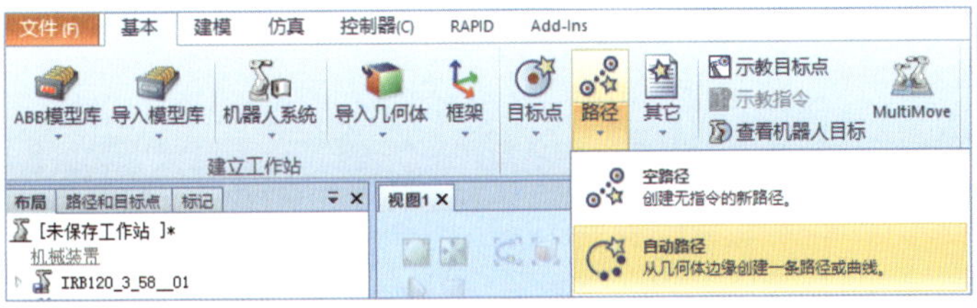
10	按住"Shift"键，鼠标捕捉到待加工工件的上表面，形成一个封闭的区域	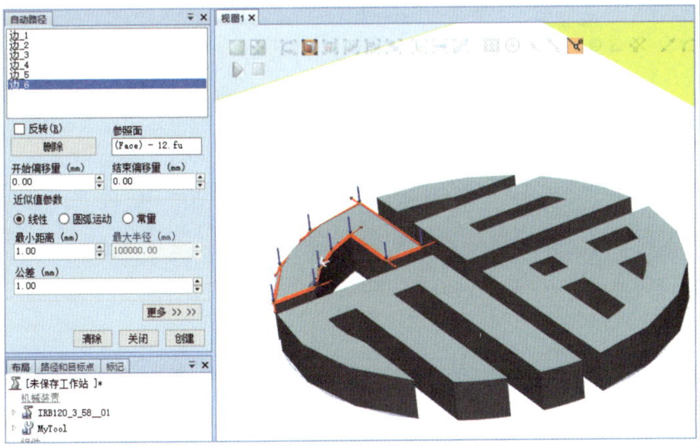

步骤	内容说明	图示
11	（1）单击"参照面"框，选取字的上表面作为参照面。"近似值参数"选中"线性"，"最小距离"设置为1 mm，"公差"设置为1 mm，单击"创建"按钮	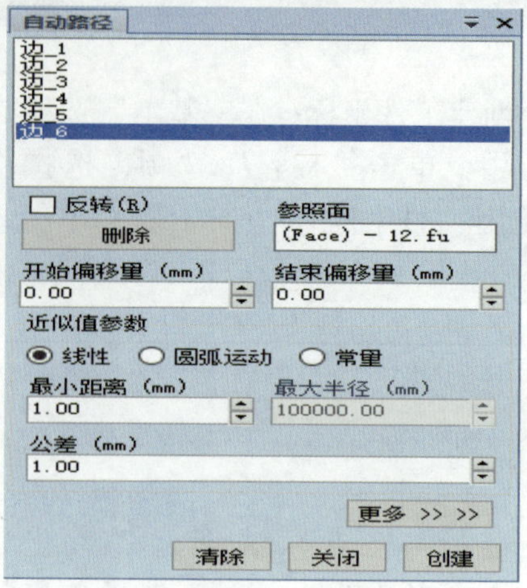
	（2）用同样的方法选定示教路径：按住"Shift"键，鼠标捕捉到待加工工件的上表面，形成一个封闭的区域。"路径与步骤"显示路径Path_10~Path_100	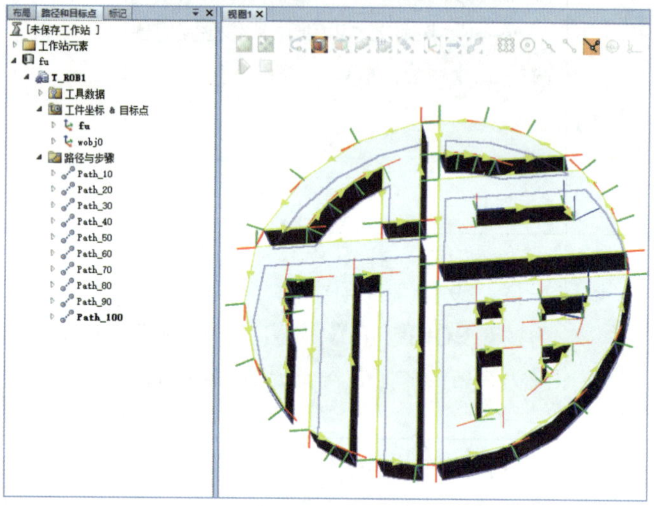
12	在"基本"选项卡中，单击"工件坐标 & 目标点"下的"fu_of"查看所有的目标点，路径所有目标点为Target_10~Target_770	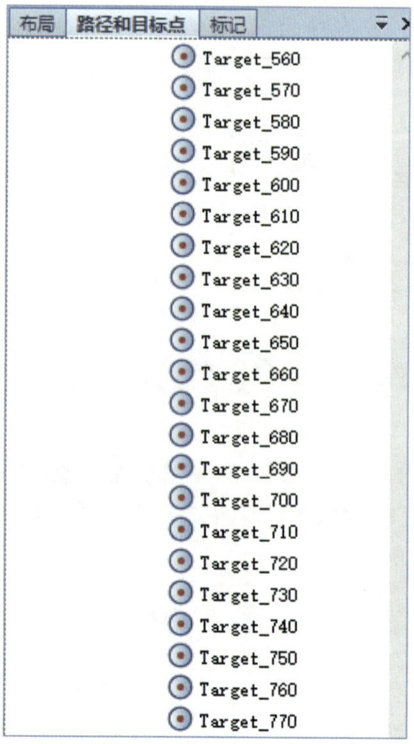

步骤	内容说明	图示
13	通过"示教指令"在路径目标点中添加一个目标点，修改为"guodudian"，单击"确定"按钮	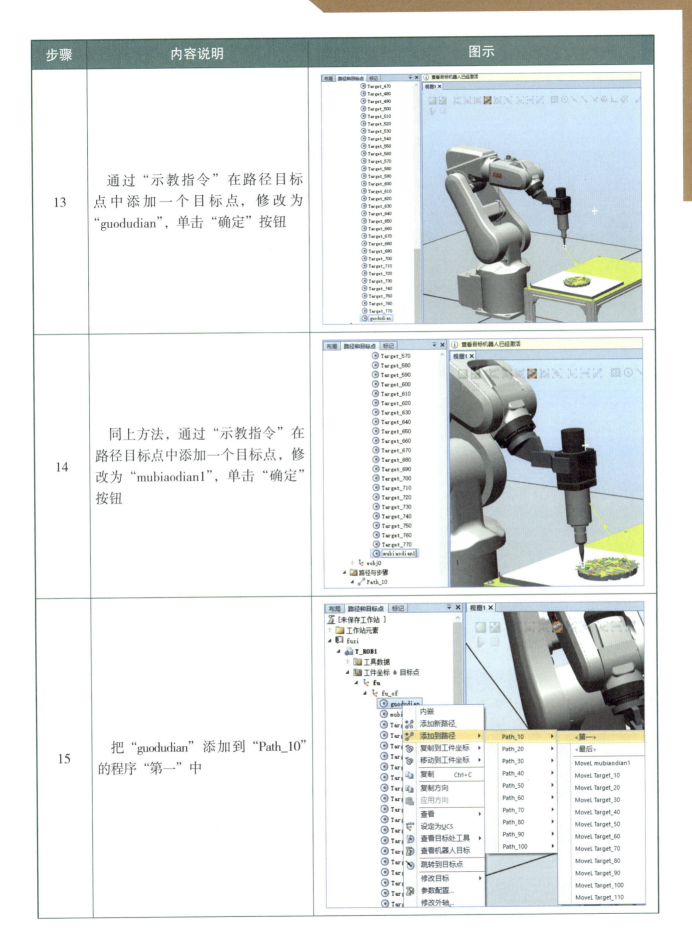
14	同上方法，通过"示教指令"在路径目标点中添加一个目标点，修改为"mubiaodian1"，单击"确定"按钮	
15	把"guodudian"添加到"Path_10"的程序"第一"中	

步骤	内容说明	图示
16	把"mubiaodian1"添加到"Path_10"的程序"第一"中	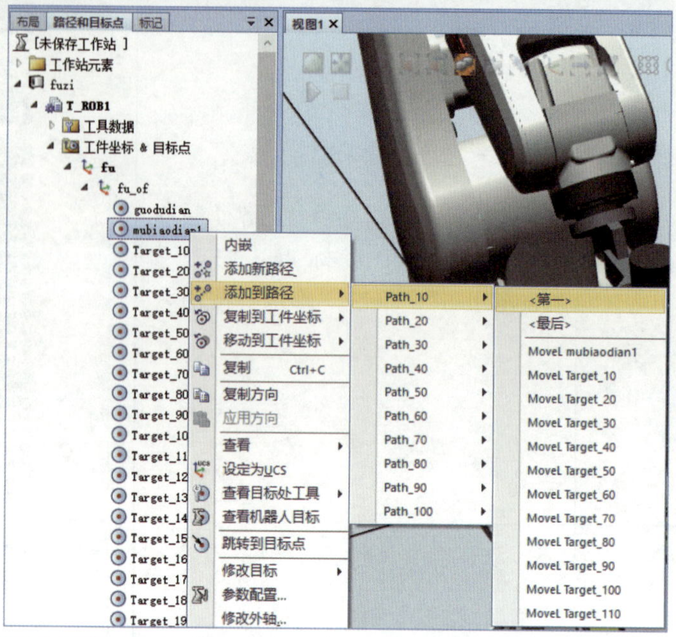
17	把"Path_10"程序中的错误目标点调整一下	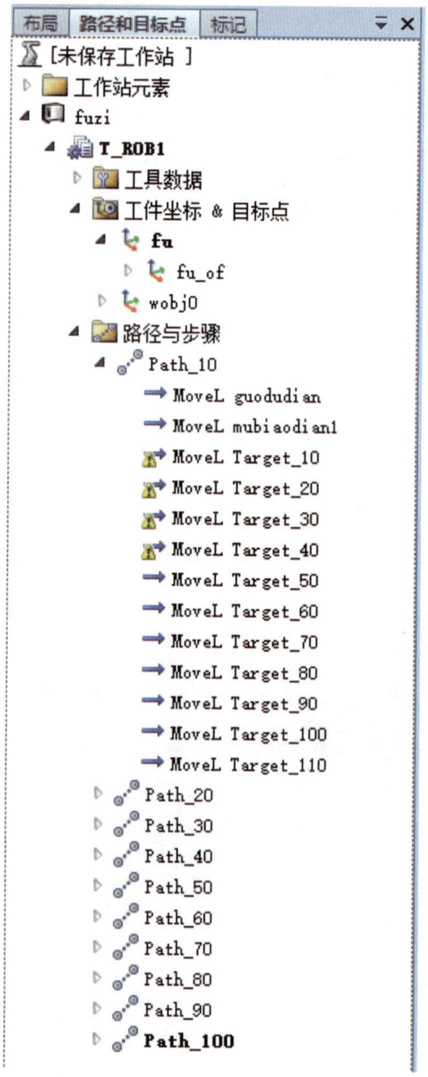

步骤	内容说明	图示
18	修改"Target_10"至"Target_110"目标点。按住"Shift"键，选中"Target_10"至"Target_110"目标点，鼠标右键选中"修改目标"，单击"对准目标点方向"选项	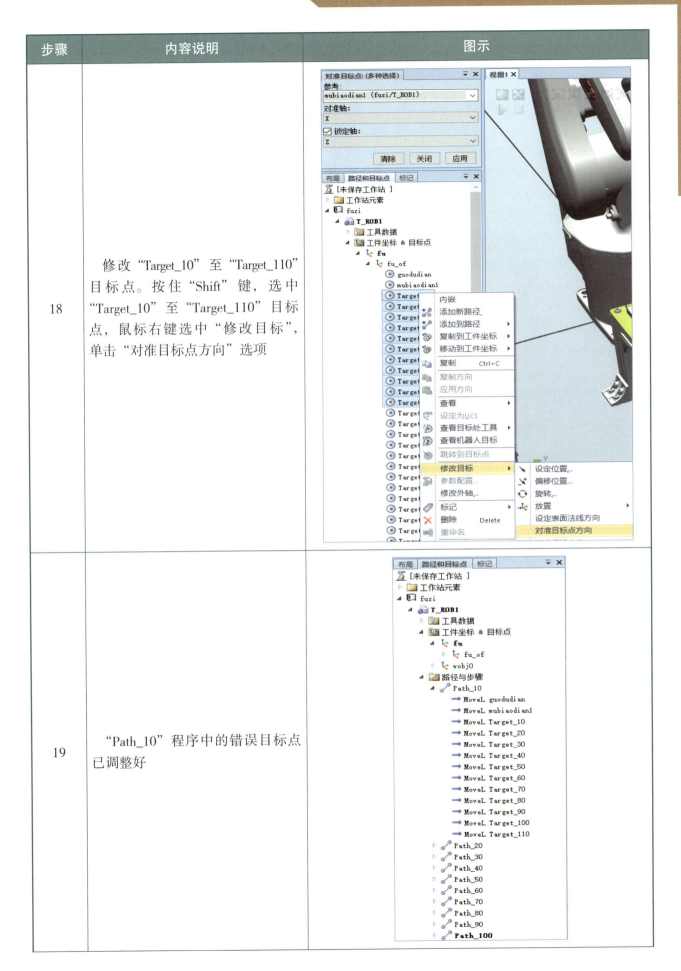
19	"Path_10"程序中的错误目标点已调整好	

步骤	内容说明	图示
20	用同样的方法把"Path_10"至"Path_100"程序中的错误目标点调整一下	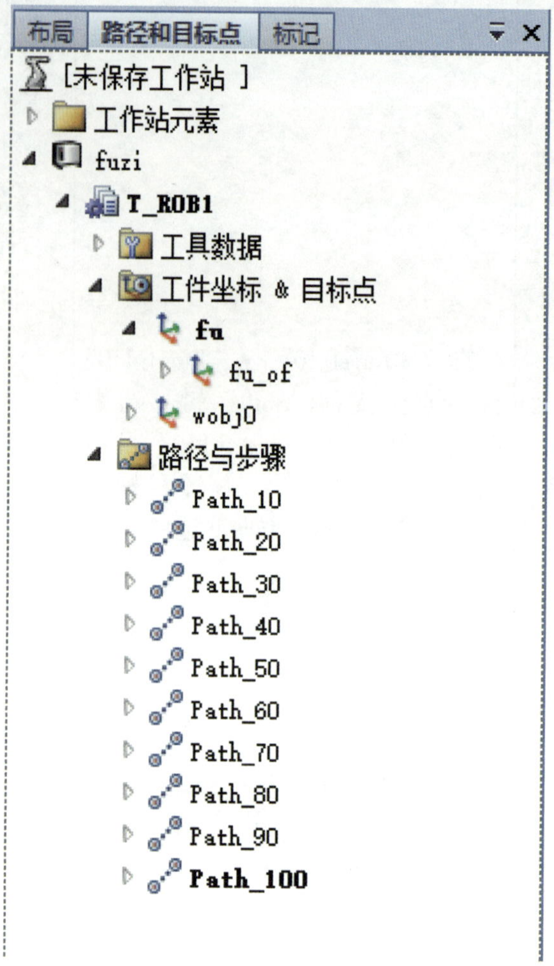
21	通过"示教指令"在路径目标点中添加一个目标点，修改为"tuichudian"，单击"确定"按钮	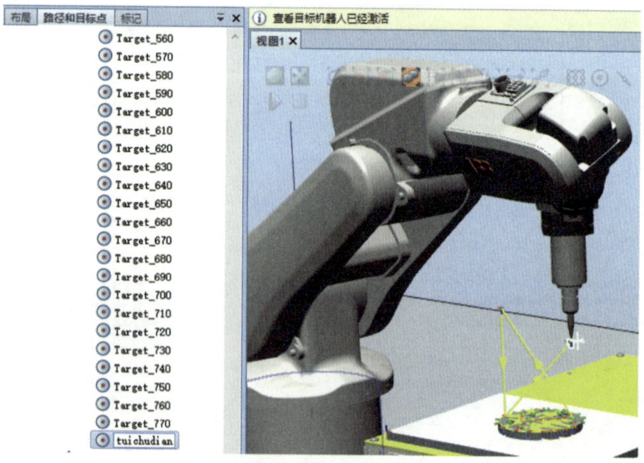

步骤	内容说明	图示
22	把"Path_20"至"Path_100"程序中的指令整合到"Path_10"	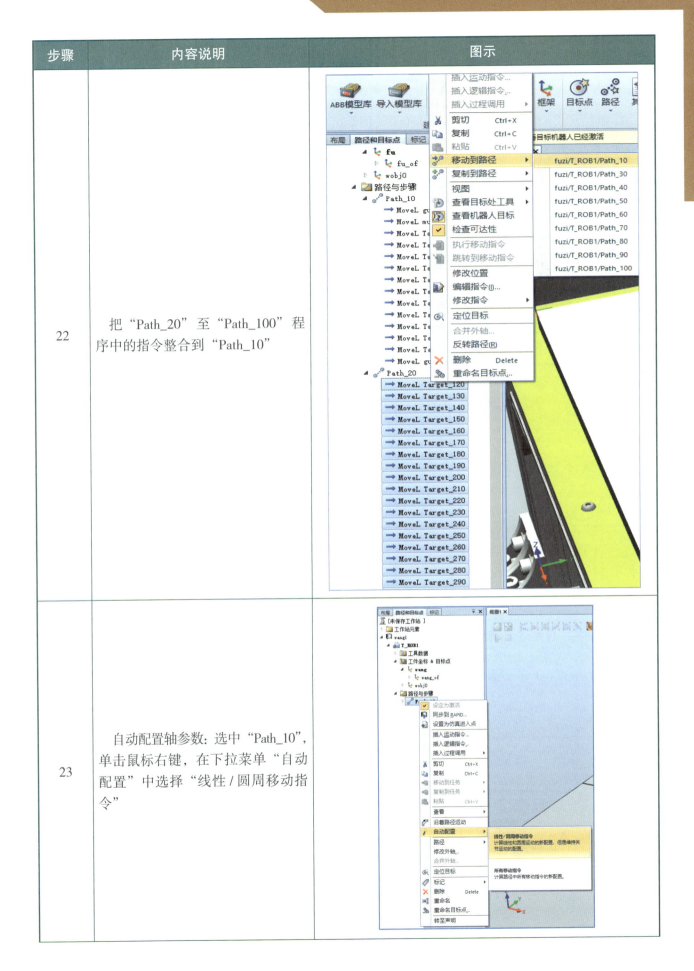
23	自动配置轴参数：选中"Path_10"，单击鼠标右键，在下拉菜单"自动配置"中选择"线性/圆周移动指令"	

步骤	内容说明	图示
24	轴参数配置完成后，验证参数配置是否正确。选中"Path_10"，单击鼠标右键，在下拉菜单中单击"沿着路径运动"选项进行验证	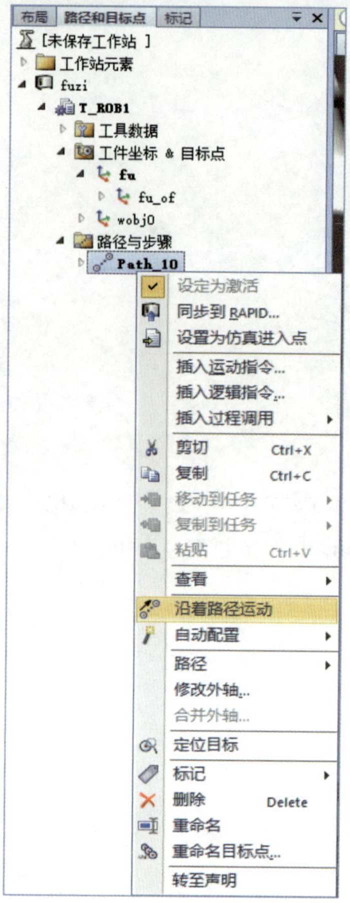
25	把工作站同步到 RAPID	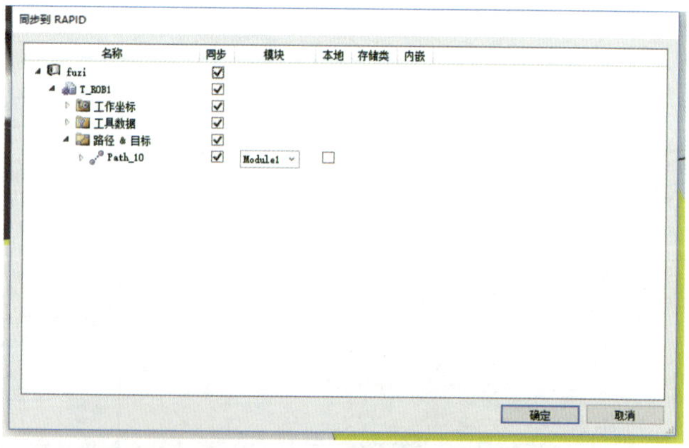
26	进行仿真调试	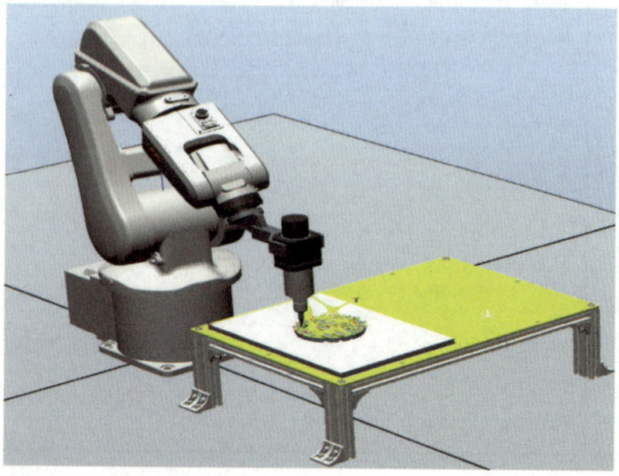

2. 你来练练

参考"做给你看"中所示的操作步骤完成"雕刻图案工作站的创建与仿真"任务。

雕刻图案工作站
的仿真

 学习评价

按任务实施评价表对本次任务完成情况进行评价。

任务实施评价表

任务编号			任务名称				
考核板块		序号	考核点	分值标准	得分	学生评价	教师评价
一	职业素养	1	遵守上课纪律（不迟到、旷课、早退，违反一次扣2分）	10分			
		2	工位区域清洁，设备设施维护（未执行扣2分）				
		3	工作表现（参与度）具有团队意识（未执行扣2分）				
		4	严谨专注，精益求精，确保任务实施质量（未执行扣5分）				
二	知识技能		操作要求（未完成的项酌情扣分）	40分			
		5	按要求打开相应的工作站（7分）				
		6	选用机器人与要求相符（7分）				
		7	设置相关参数与要求相符（7分）				
		8	能熟练使用软件进行工作站构建（7分）				
		9	能按照相应的要求完成功能（7分）				
		10	调试运行正常（5分）				
三	工艺精度		精度要求（未完成的每项扣10分）	40分			
		11	机器人路径平稳、连续有序				
		12	轨迹在指定加工区域内				
		13	加工工件与要求相符				
		14	机器人实现精准运动				
四	安全文明		操作纪律要求（违反任意一项扣10分）	10分			
		15	遵守考场纪律，服从老师安排				
		16	操作规范，符合安全要求				
		17	不擅自离开考核工位				
五	否定项	18	故意违反操作，损坏设备得0分				
考核总分（100分）							

练习题

一、填空题

1. 用户坐标的创建一般以加工工件的固定装置的_____为基准。

2. 轨迹指令的相应设置，主要修改指令速度、工具坐标、工件坐标、_____等参数。

3. 工业机器人到达目标点时，可能需要多个_____轴配合运动。

4. 选择轴配置参数时，可查看"配置参数"框中的_____，作为参考。

二、判断题

1. 常量生成具有恒定间隔距离的点。 （　　）

2. 最小距离是设置两个生成点之间的最小距离。 （　　）

3. 最大半径是将圆弧视为直线前确定圆的半径大小，直线视为无限长的圆弧。 （　　）

4. 查看工具在目标点的姿态，便于进行目标点的调整。 （　　）

三、选择题

1. 创建自动生成离线轨迹路径中，按住（　　），鼠标捕捉到待加工工件的上表面，形成一个封闭的区域。

A. "Space"键　　　　B. "Shift"键　　　　C. "Ctrl"键　　　　D. "A" + "Shift"键

2. 在机器人轨迹的起始点创建完成后，还需要添加机器人路径，可以选择"添加到路径"，将其添加到机器人路径的（　　）行。

A. 第一　　　　　　B. 第二　　　　　　C. 最后一　　　　　D. 最后两

3. 机器人在自动沿离线轨迹运行（　　）次完成参数的配置。

A. 一　　　　　　　B. 二　　　　　　　C. 三　　　　　　　D. 四

4. 工作站需要进行仿真调试，必须将工作站同步到（　　）。

A. 示教器　　　　　B. 程序行　　　　　C. RAPID　　　　　D. Path_10

5. 在 RobotStudio 6.08 "仿真"选项卡中，单击（　　），机器人可以执行程序沿离线轨迹运行。

A. "应用"按钮　　　B. "播放"按钮　　　C. "录制"按钮　　　D. "编辑"按钮

项目七

工业机器人搬运工作站的创建与仿真

 导言

目前，世界上使用的搬运机器人逾 10 万台，被广泛应用于机床上下料、冲压机自动化生产线、自动装配流水线、码垛搬运、集装箱等的自动搬运。在抗疫之战中，在物流前端，应急物资出入库及配送，在物流后端，医疗器材、药品、防护用品生产企业的物料拣选、产线搬运，都可以看到配送机器人的身影。美团、京东、亚马逊、天猫等各大电子商场物流公司都推出了无人配送方案。

 **学习目标**

【知识目标】

1. 掌握搬运工作站的搭建；

2. 掌握机械装置的创建方法；

3. 掌握使用 Smart 组件创建具有动态效果夹具的方法；

4. 了解 Smart 组件的子组件功能，掌握 Smart 子组件的创建步骤；

5. 掌握工作站逻辑设定的方法。

【技能目标】

1. 能够完成工业机器人搬运工作站的构建；

2. 能够使用 Smart 组件创建具有动态效果的夹具；

3. 能够完成工业机器人工作站中信号的设定；

4. 具备创建工作站 I/O 信号、独立设置和修改属性面板的能力；

5.会规划机器人的移动路径、创建程序数据，并准确示教机器人目标点；

6.能编写机器人搬运程序，并调试运行程序。

【素养目标】

1.培养学生在机器人物料搬运技术方面团结协作、勇于创新的工匠精神；

2.培养学生不怕挫折，勇于克服困难的精神；

3.培养学生利用机器人为民族谋发展、为人民谋福利的家国情怀，激发青年学生的爱国热情，树立科技报国、为中华民族伟大复兴中国梦而奋斗的理想信念。

项目背景

在工业机器人应用中，ABB工业机器人在搬运应用方面有诸多成熟的案例，在食品、医药、化工、机械制造、3C等领域均有广泛的应用。采用机器人搬运可大幅提高生产效率、节省劳动力成本、提高定位精度、降低搬运过程中的产品损坏率。

在实际生产过程中，工业机器人工作站并不是由单一设备构成，而是各种设备集成为一个自动化控制系统。要在虚拟仿真工作站中如实地反映生产实际中的动作过程，就需要设置各种动态效果。本项目通过完成带输送链的较复杂的工业机器人工作站的构建与仿真，介绍工作站的构建及设置各种动态效果的方法，实现虚拟验证与实际生产的结合。

项目描述

本项目以搬运普通产品为例创建工业机器人搬运工作站（图7-1）。工作站利用IRB 120机器人将产品从一侧托盘搬到另一侧托盘上，并按照垛型要求进行码垛。本工作站只提供相应的三维模型，需要自行搭建工作站依次完成夹具机械装置创建、夹具Smart组件创建、I/O配置、程序数据创建、目标点示教、程序编写及调试，最终完成整个工作站的搬运过程。

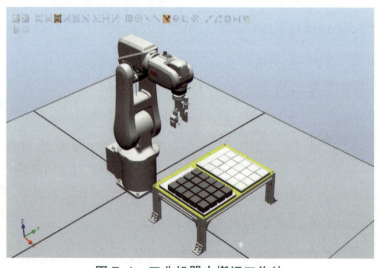

图7-1　工业机器人搬运工作站

任务1 工作站机器人机械装置夹具的创建

 任务描述

RobotStudio 软件中的机械装置是由若干机械零件组装在一起的装置，通过设置其机械特性能够实现相应的运动。机械装置能够在离线仿真时更加真实地展示工作站情景。常用的机械装置有输送带、滑台、活塞及各类夹具等。

工作站机器人机械
装置夹具的创建

 任务分析

工作站布局包括导入 IRB 120 机器人、夹具工具模型、托盘、托盘垛物料等。这些模型除了工具和物料模型，都可以在 RobotStudio 模型库中找到，可直接导入。工具和物料通过 3D 建模工具如 RobotStudio 自带建模组件或 SolidWorks 创建，再导入模型库。导入模型后，位置不是理想位置，需要通过两点法、三点法等方法进行调整布置。

 任务实施

1. 做给你看

步骤	内容说明	图示
		导入夹爪、夹爪基座模型
1	导入几何体：在"基本"选项卡中单击"导入几何体"选项，选择"浏览几何体"	
2	导入几何体：选择"夹具基座""夹具 1""夹具 2"几何体，单击"打开"按钮。	

步骤	内容说明	图示
3	导入几何体后，调整几何体位置	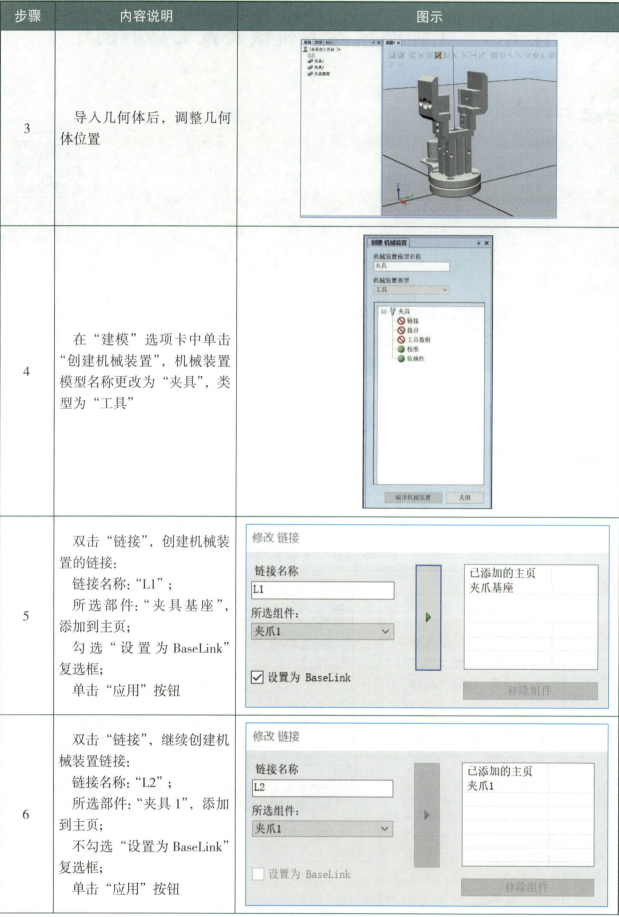
4	在"建模"选项卡中单击"创建机械装置"，机械装置模型名称更改为"夹具"，类型为"工具"	
5	双击"链接"，创建机械装置的链接： 链接名称："L1"； 所选部件："夹具基座"，添加到主页； 勾选"设置为 BaseLink"复选框； 单击"应用"按钮	
6	双击"链接"，继续创建机械装置链接： 链接名称："L2"； 所选部件："夹具 1"，添加到主页； 不勾选"设置为 BaseLink"复选框； 单击"应用"按钮	

步骤	内容说明	图示
7	双击"链接"，继续创建机械装置链接： 链接名称："L3"； 所选部件："夹具2"，添加到主页； 不勾选"设置为 BaseLink"复选框； 单击"应用"按钮	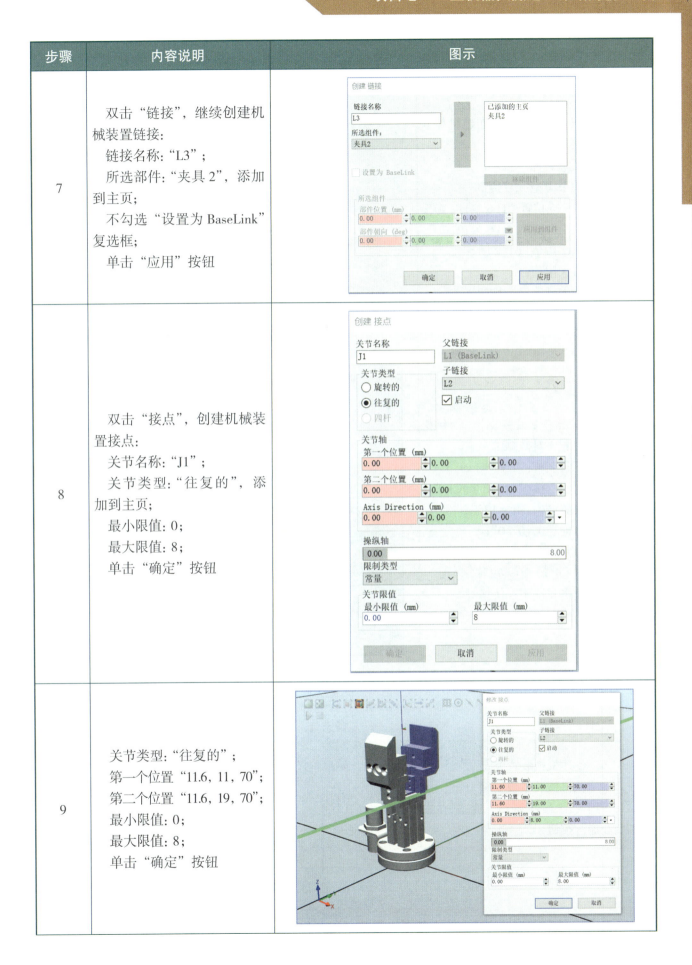
8	双击"接点"，创建机械装置接点： 关节名称："J1"； 关节类型："往复的"，添加到主页； 最小限值：0； 最大限值：8； 单击"确定"按钮	
9	关节类型："往复的"； 第一个位置"11.6，11，70"； 第二个位置"11.6，19，70"； 最小限值：0； 最大限值：8； 单击"确定"按钮	

步骤	内容说明	图示
10	双击"接点"，创建机械装置接点： 关节名称："J2"； 关节类型："往复的"； 第一个位置"11.6，–11，70"； 第二个位置"11.6，–19，70"； 最小限值：0； 最大限值：8； 单击"确定"按钮	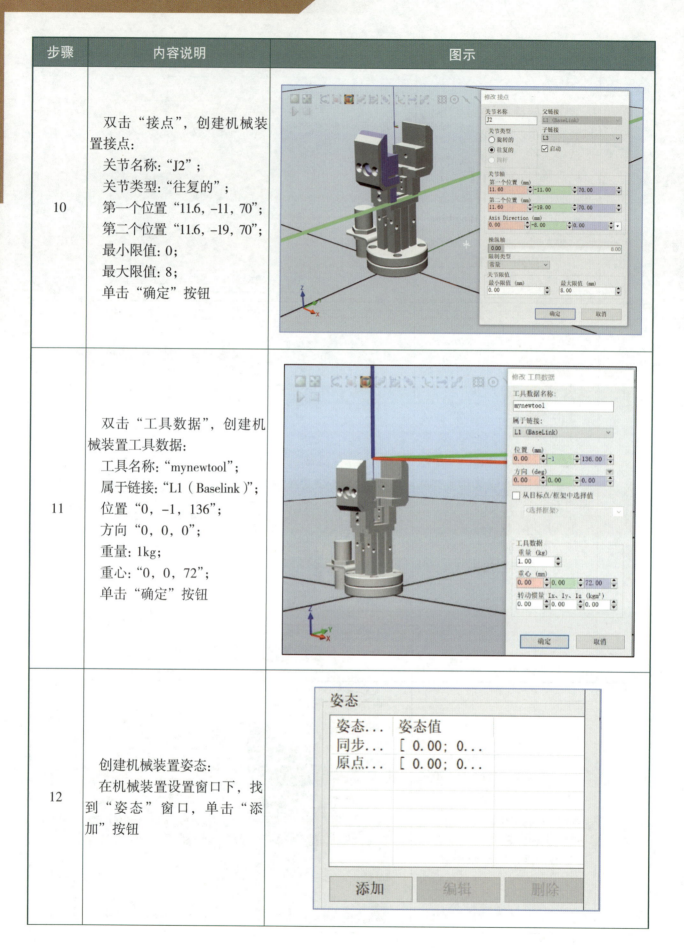
11	双击"工具数据"，创建机械装置工具数据： 工具名称："mynewtool"； 属于链接："L1（Baselink）"； 位置"0，–1，136"； 方向"0，0，0"； 重量：1kg； 重心："0，0，72"； 单击"确定"按钮	
12	创建机械装置姿态： 在机械装置设置窗口下，找到"姿态"窗口，单击"添加"按钮	

步骤	内容说明	图示
13	创建姿态"闭合"： 姿态名称："闭合"； 关节值："0，0"； 单击"确定"按钮	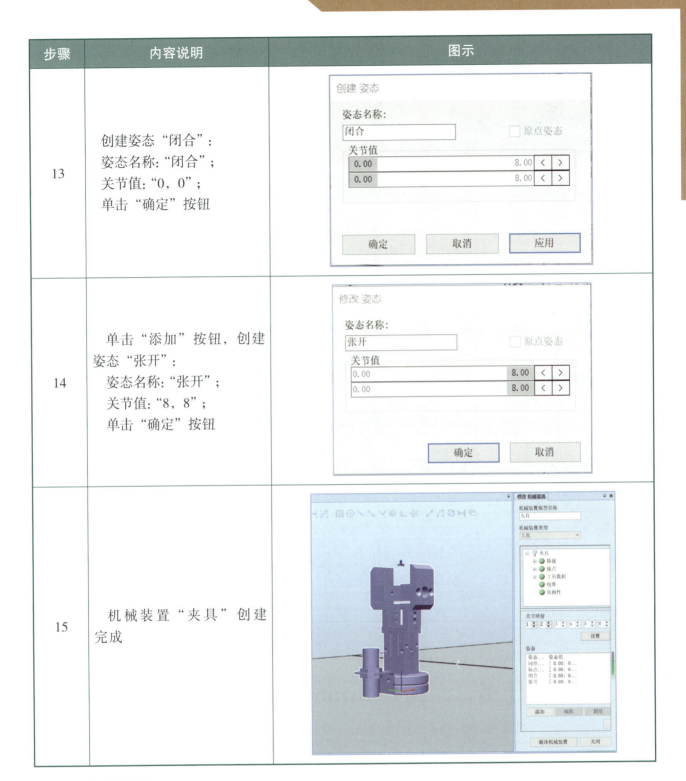
14	单击"添加"按钮，创建姿态"张开"： 姿态名称："张开"； 关节值："8，8"； 单击"确定"按钮	
15	机械装置"夹具"创建完成	

2. 你来练练

参考"做给你看"中的步骤创建机械装置"夹具"。

学习评价

从"创建夹具运动属性、创建属性连接、创建信号连接、仿真验证"4个方面评价学习效果，按本项总体10分打分，记入"任务实施评价表"。

任务实施评价表

任务编号			任务名称					
考核板块		序号	考核点	分值标准	得分	学生评价	教师评价	
一	职业素养	1	遵守上课纪律（迟到、旷课、早退），违反一次扣2分	20分				
		2	工位区域清洁，设备设施维护（未执行扣2分）					
		3	工作表现（参与度）具有团队意识（未执行扣2分）					
		4	严谨专注，精益求精，确保任务实施质量（未执行扣5分）					
二	知识技能		操作要求（未完成的每项扣10分）	50分				
		5	完成导入几何体					
		6	完成创建机械装置的链接					
		7	完成创建接点					
		8	完成创建机械工具数据					
		9	完成"夹具"的创建					
三	安全文明		违反操作纪律要求（每项扣10分）	30分				
		10	遵守实训场纪律，服从老师安排					
		11	操作规范，符合安全要求					
		12	擅自离开实训工位					
四	否定项	13	故意违反操作，损坏设备得0分					
考核总分（100分）								

任务2 夹具 Smart 组件的创建

 任务描述

在 RobotStudio 中创建码垛的仿真工作站时，夹具工具 Smart 组件创建、夹具工具的动画效果对整个搬运码垛工作站起着至关重要的作用。在真实的工业场景中多采用数个夹具组件抓取物料。

夹具 SMART 组件的创建

 任务分析

夹具 Smart 组件动态效果包含：子组件传感器识别工件，接收机器人信号将物料夹起，等待机器人到达堆放目标位置，释放物料。

（1）抓取物料采用 Attacher 组件，它将物料的框架坐标系与工具坐标重合，安装模型。

（2）放下物料采用 Detacher 组件，它是 Attacher 组件的逆运动，拆除对象模型。

 任务实施

1. 做给你看

步骤	内容说明	图示
	创建 "SC 夹具" Smart 组件	
1	导入 RIB 120 机器人型号，并布局，建立机器人系统	
2	导入机械装置夹具： 在"基本"选项卡中单击"导入模型库"选项，选择"浏览库文件"	
3	选择库文件"夹爪工具"，单击"打开"按钮	

步骤	内容说明	图示
4	"夹具"机械装置如右图所示	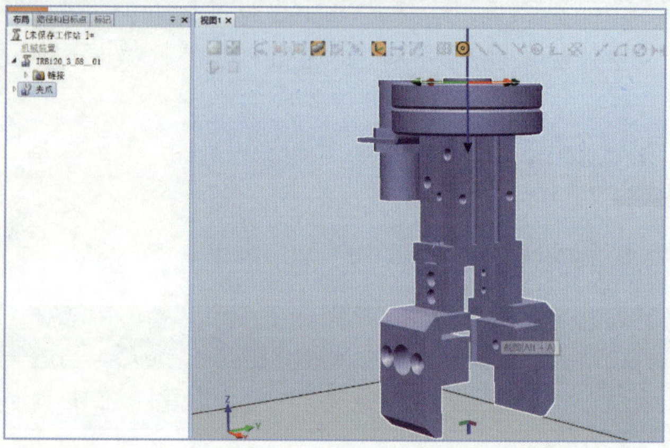
5	在"建模"选项卡中单击"Smart"组件，更改名字为"SC 夹具"	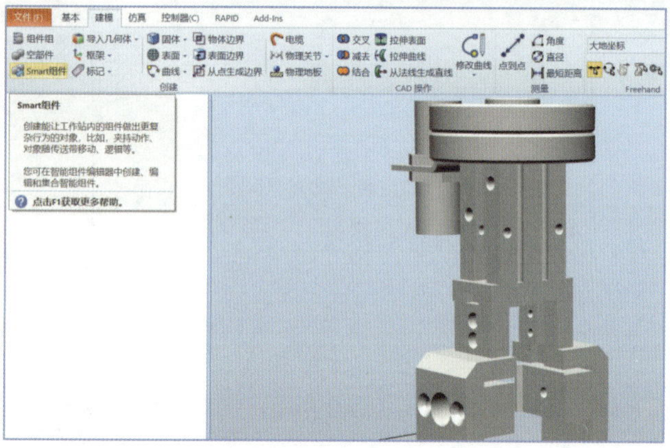
6	将"夹爪"拖动到"SC 夹具"中	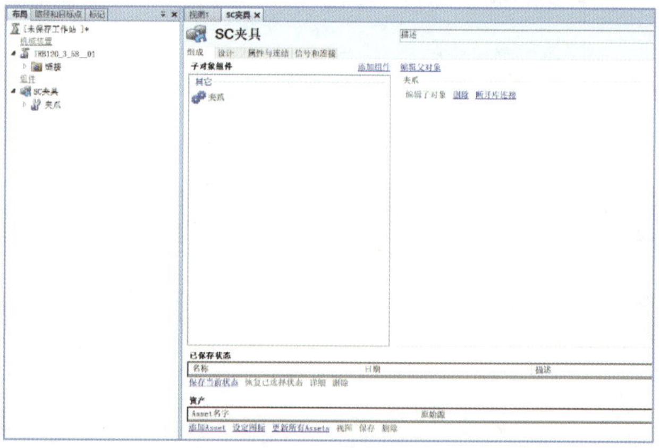
7	创建动作"Attacher"：在"SC 夹具"创建窗口中，在"组成"选项卡中单击"添加组件"，单击"动作"，选择添加"Attacher"组件	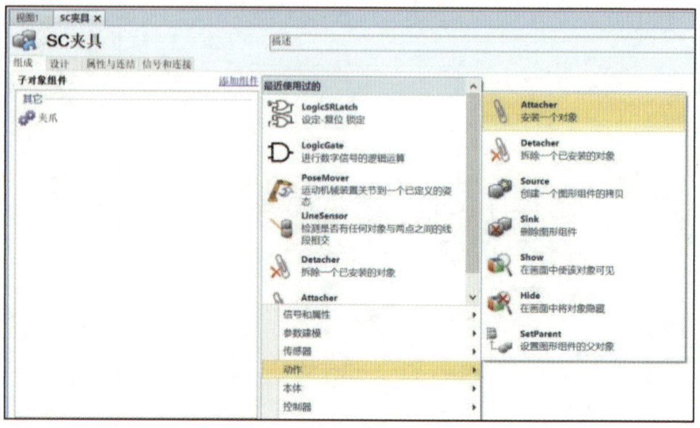

步骤	内容说明	图示
8	弹出组件动作"Attacher"属性设置窗口，设置"Parent"为"夹爪（SC夹具）"；"Flange"为"mynewtool"，然后单击"应用"按钮，单击"关闭"按钮	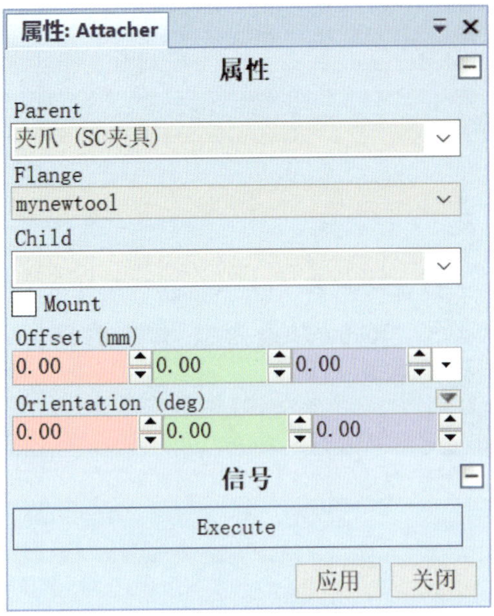
9	创建动作"Detacher"：在"SC夹具"创建窗口中，在"组成"选项卡中单击"添加组件"，单击"动作"，选择添加"Detacher"组件	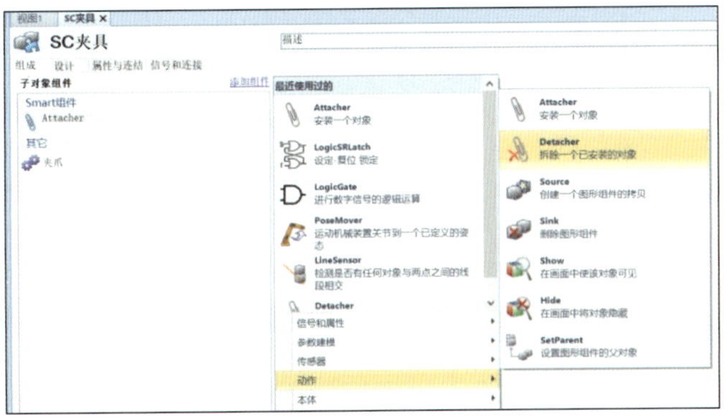
10	弹出组件动作"Detacher"属性设置窗口，设置"Child"为空，勾选"KeepPosition"复选框，然后单击"应用"按钮，单击"关闭"按钮	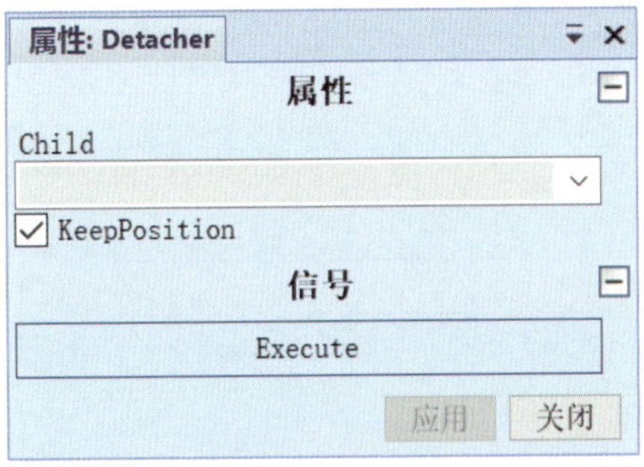
11	创建传感器"LineSensor"："SC夹具"创建窗口中，在"组成"选项卡中单击"添加组件"，单击"传感器"，选择"LineSensor"组件	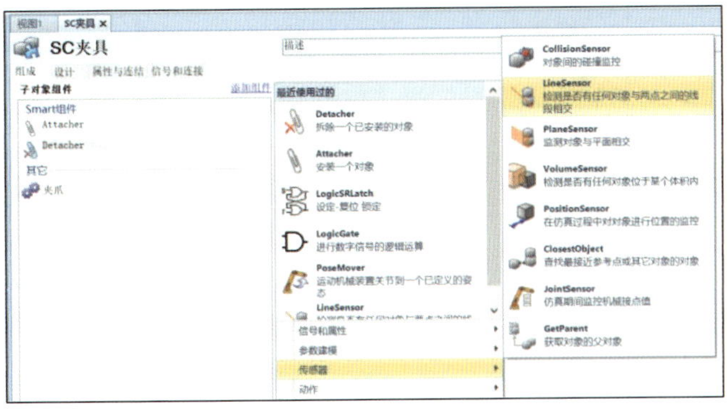

步骤	内容说明	图示
12	设置传感器"LineSensor"属性：半径"Radius"设为8，传感器创建完成	
13	安装传感器"LineSensor"： 鼠标右键单击"LineSensor"，在弹出的列表中选择"安装到"→"夹爪"。 选择更新"LineSensor"位置，效果如右图所示	
14	调整传感器"LineSensor"的位置	

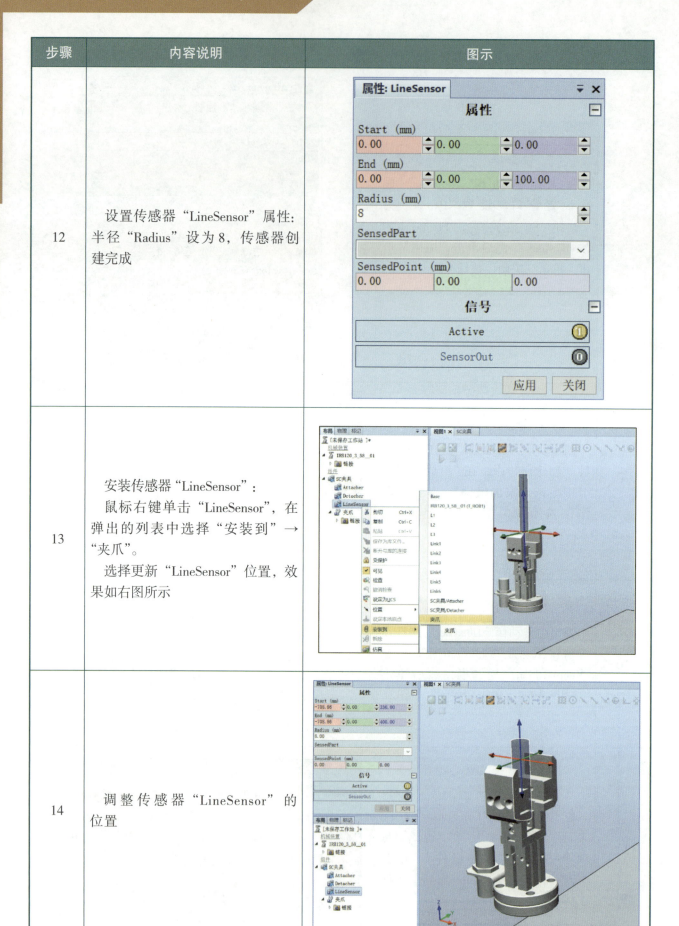

步骤	内容说明	图示
15	创建本体"PoseMover"：在"SC夹具"创建窗口中，在"组成"选项卡中单击"添加组件"，单击"本体"，选择"PoseMover"组件	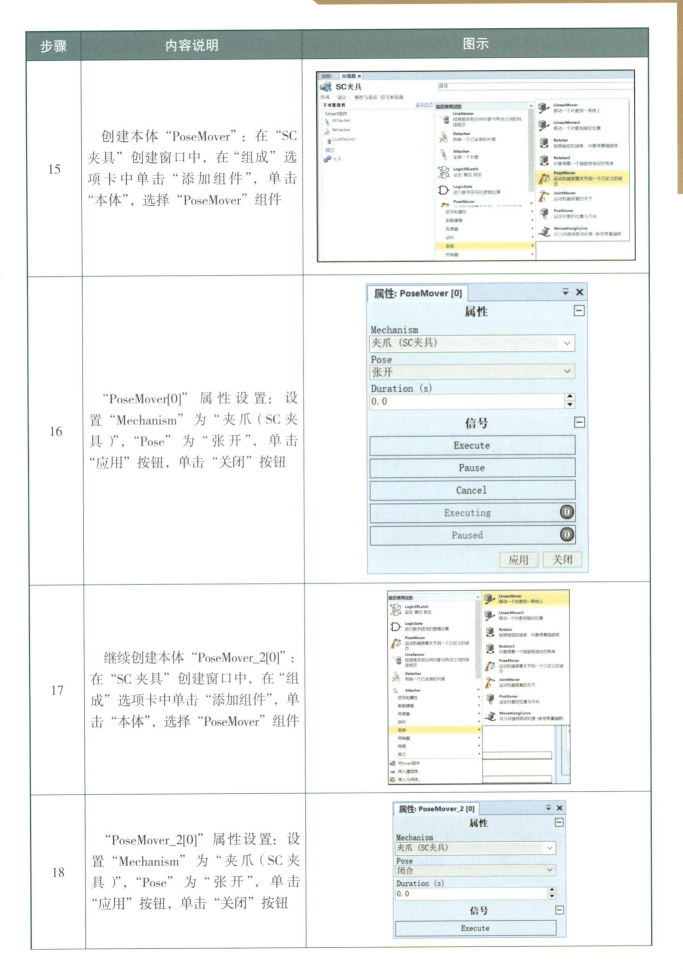
16	"PoseMover[0]"属性设置：设置"Mechanism"为"夹爪（SC夹具）"，"Pose"为"张开"，单击"应用"按钮，单击"关闭"按钮	
17	继续创建本体"PoseMover_2[0]"：在"SC夹具"创建窗口中，在"组成"选项卡中单击"添加组件"，单击"本体"，选择"PoseMover"组件	
18	"PoseMover_2[0]"属性设置：设置"Mechanism"为"夹爪（SC夹具）"，"Pose"为"张开"，单击"应用"按钮，单击"关闭"按钮	

步骤	内容说明	图示
19	创建信号与属性组件"LogicGate"：在"SC 夹具"创建窗口中，在"组成"选项卡中单击"添加组件"，单击"信号和属性"，选择"LogicGate"组件	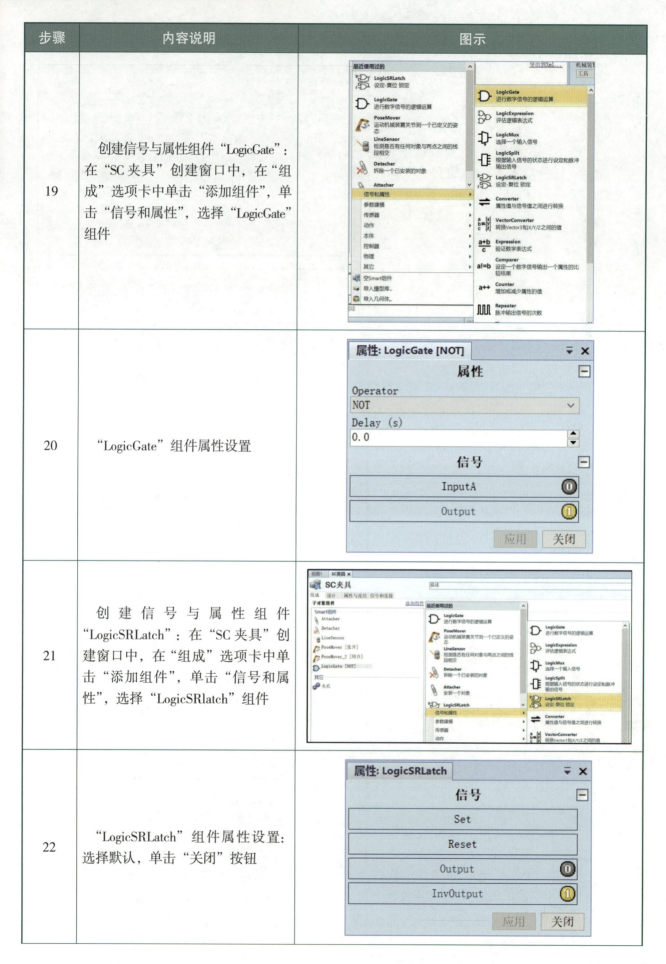
20	"LogicGate"组件属性设置	
21	创建信号与属性组件"LogicSRLatch"：在"SC 夹具"创建窗口中，在"组成"选项卡中单击"添加组件"，单击"信号和属性"，选择"LogicSRlatch"组件	
22	"LogicSRLatch"组件属性设置：选择默认，单击"关闭"按钮	

步骤	内容说明	图示
23	"SC 夹具"Smart 组件的全部子组件已设置完毕，如右图所示	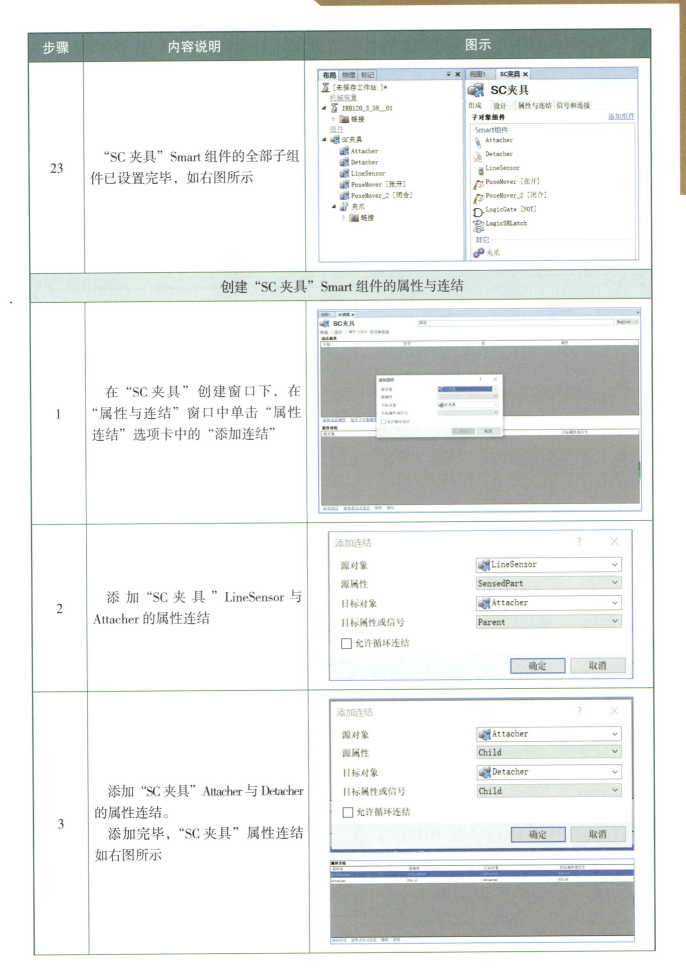
	创建"SC 夹具"Smart 组件的属性与连结	
1	在"SC 夹具"创建窗口下，在"属性与连结"窗口中单击"属性连结"选项卡中的"添加连结"	
2	添加"SC 夹具"LineSensor 与 Attacher 的属性连结	
3	添加"SC 夹具"Attacher 与 Detacher 的属性连结。 添加完毕，"SC 夹具"属性连结如右图所示	

步骤	内容说明	图示
	创建"SC夹具"Smart组件的信号和连接	
1	在"SC夹具"创建窗口下，在"信号和连接"窗口中单击"I/O信号"选项卡中的"添加I/O Signals"	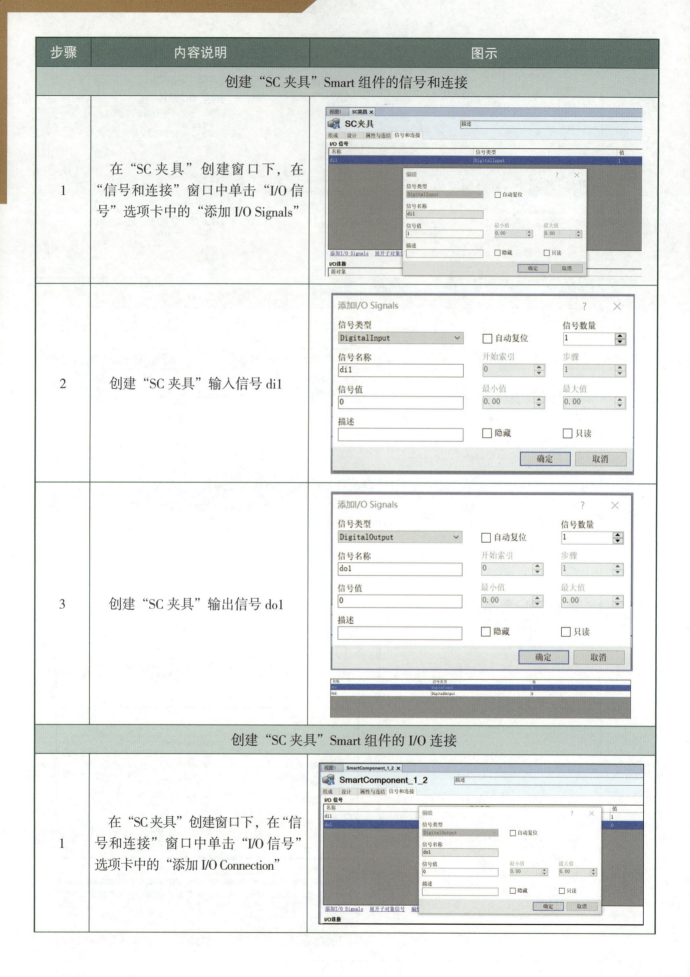
2	创建"SC夹具"输入信号di1	
3	创建"SC夹具"输出信号do1	
	创建"SC夹具"Smart组件的I/O连接	
1	在"SC夹具"创建窗口下，在"信号和连接"窗口中单击"I/O信号"选项卡中的"添加I/O Connection"	

步骤	内容说明	图示
2	添加 "SC 夹具" 与 LineSensor 的 I/O Connection	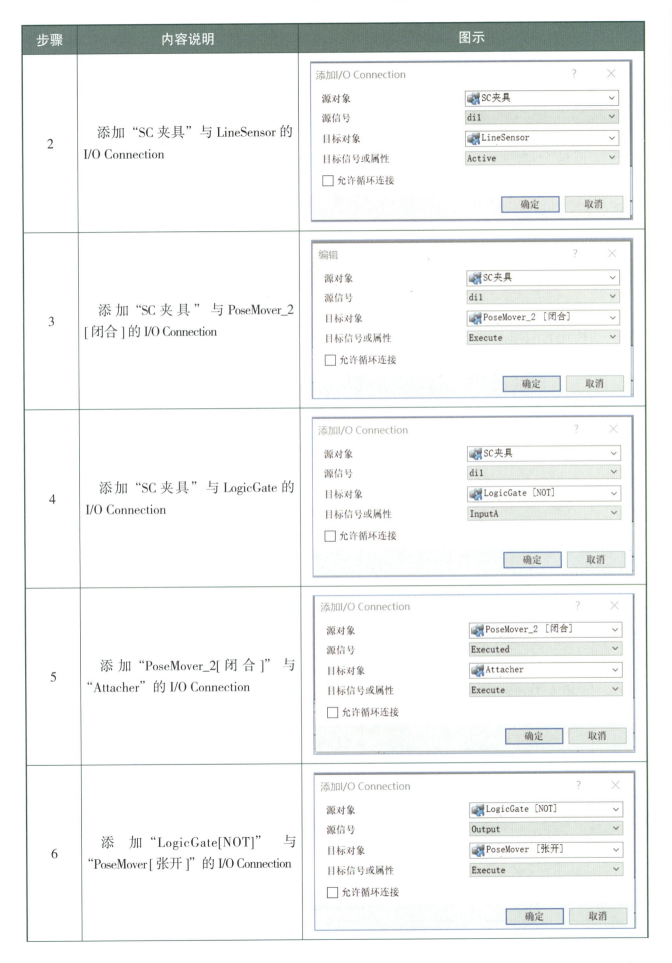 添加I/O Connection　?　× 源对象　SC夹具 源信号　di1 目标对象　LineSensor 目标信号或属性　Active ☐ 允许循环连接 确定　取消
3	添加 "SC 夹具" 与 PoseMover_2 [闭合] 的 I/O Connection	编辑　?　× 源对象　SC夹具 源信号　di1 目标对象　PoseMover_2 [闭合] 目标信号或属性　Execute ☐ 允许循环连接 确定　取消
4	添加 "SC 夹具" 与 LogicGate 的 I/O Connection	添加I/O Connection　?　× 源对象　SC夹具 源信号　di1 目标对象　LogicGate [NOT] 目标信号或属性　InputA ☐ 允许循环连接 确定　取消
5	添加 "PoseMover_2[闭合]" 与 "Attacher" 的 I/O Connection	添加I/O Connection　?　× 源对象　PoseMover_2 [闭合] 源信号　Executed 目标对象　Attacher 目标信号或属性　Execute ☐ 允许循环连接 确定　取消
6	添加 "LogicGate[NOT]" 与 "PoseMover[张开]" 的 I/O Connection	添加I/O Connection　?　× 源对象　LogicGate [NOT] 源信号　Output 目标对象　PoseMover [张开] 目标信号或属性　Execute ☐ 允许循环连接 确定　取消

步骤	内容说明	图示
7	添加"LogicGate[NOT]"与"Detacher"的 I/O Connection	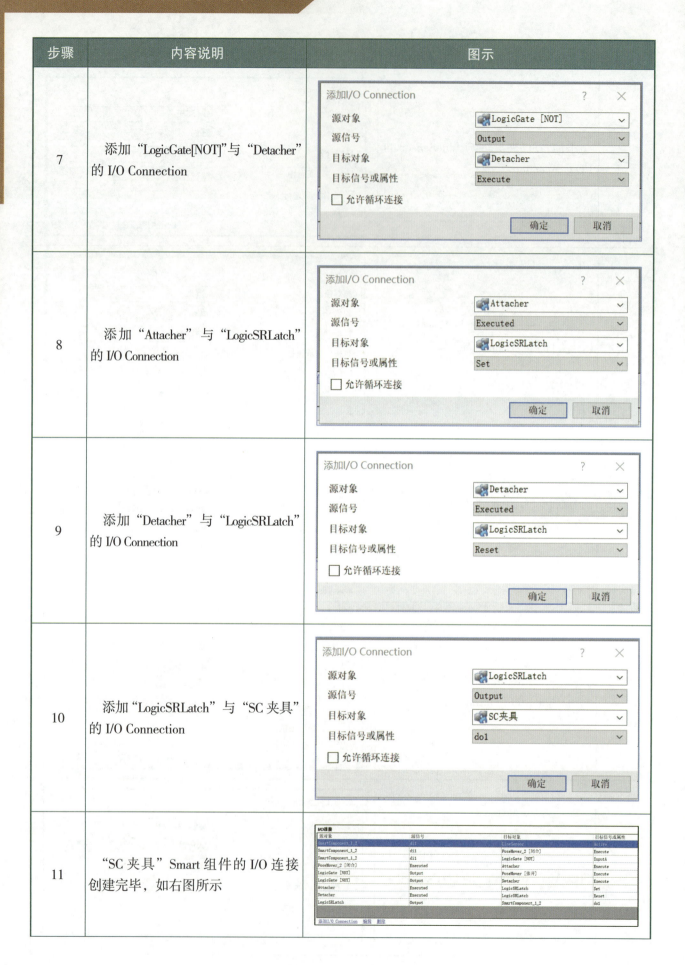 添加I/O Connection ? × 源对象　　LogicGate [NOT] 源信号　　Output 目标对象　Detacher 目标信号或属性　Execute □ 允许循环连接　　　确定　取消
8	添加"Attacher"与"LogicSRLatch"的 I/O Connection	添加I/O Connection ? × 源对象　　Attacher 源信号　　Executed 目标对象　LogicSRLatch 目标信号或属性　Set □ 允许循环连接　　　确定　取消
9	添加"Detacher"与"LogicSRLatch"的 I/O Connection	添加I/O Connection ? × 源对象　　Detacher 源信号　　Executed 目标对象　LogicSRLatch 目标信号或属性　Reset □ 允许循环连接　　　确定　取消
10	添加"LogicSRLatch"与"SC 夹具"的 I/O Connection	添加I/O Connection ? × 源对象　　LogicSRLatch 源信号　　Output 目标对象　SC夹具 目标信号或属性　do1 □ 允许循环连接　　　确定　取消
11	"SC 夹具"Smart 组件的 I/O 连接创建完毕，如右图所示	I/O连接 源对象　源信号　目标对象　目标信号或属性 SmartComponent_1_2　di1　LineSensor　Active SmartComponent_1_2　di1　PoseMover_2 [闭合]　Execute SmartComponent_1_2　di1　LogicGate [NOT]　InputA PoseMover_2 [闭合]　Executed　Attacher　Execute LogicGate [NOT]　Output　PoseMover [张开]　Execute LogicGate [NOT]　Output　Detacher　Execute Attacher　Executed　LogicSRLatch　Set Detacher　Executed　LogicSRLatch　Reset LogicSRLatch　Output　SmartComponent_1_2　do1 添加I/O Connection　编辑　删除

步骤	内容说明	图示
	安装"SC 夹具"Smart 组件到 IRB 120 机器人上	
1	将"SC 夹具"Smart 组件拖到 IRB 120 机器人上，选择更新位置	
2	"SC 夹具"Smart 组件安装成功	

2. 你来练练

参考"做给你看"中的步骤完成"夹具 Smart 组件的创建"。

将 SMART 组件
安装在机器人上

 学习评价

从创建 SC 夹具 Smart 组件、创建传感器信号、创建 SC 夹具 Smart 组件属性与连结、创建信号和连接、安装组件到机器人上进行仿真验证等 6 个方面评价任务完成效果，按下表对本次任务学习情况进行评价。

任务实施评价表

任务编号			任务名称					
考核板块		序号	考核点		分值标准	得分	学生评价	教师评价
一	职业素养	1	遵守上课纪律（迟到、旷课、早退），违反一次扣2分		20分			
		2	工位区域清洁，设备设施维护（未执行扣2分）					
		3	工作表现（参与度）具有团队意识（未执行扣2分）					
		4	严谨专注，精益求精，确保任务实施质量（未执行扣5分）					
二	知识技能		操作要求（未完成的每项扣10分）		50分			
		5	完成创建SC夹具Smart组件					
		6	完成创建传感器信号					
		7	完成创建SC夹具Smart组件属性与连结					
		8	完成创建信号和连结					
		9	完成安装组件到机器人上进行仿真验证					
三	安全文明		违反操作纪律要求（每项扣10分）		30分			
		10	遵守实训场纪律，服从老师安排					
		11	操作规范，符合安全要求					
		12	擅自离开实训工位					
四	否定项	13	故意违反操作，损坏设备得0分					
考核总分（100分）								

任务 3　工作站 I/O 配置

任务描述

　　工业机器人的 I/O 通信接口可以实现与周边设备的通信。本任务要求会定义机器人的 I/O 板，定义机器人的 I/O 信号，监控和操作输入输出信号，进行系统输入 / 输出与 I/O 信号的关联，使用示教器可编程按键。

工作中 I/O 配置

知识链接

7.3.1　ABB 机器人常用的 I/O 通信

　　硬件设备之间的通信指设备之间通过数据线路按照规定的通信协议标准来进行信息的交互；通信协议规定了硬件接口的标准、通信的模式以及速率，设备之间必须采用相同的通信协议才能正确地交互信息。

1. I/O 通信接口

　　ABB 机器人提供了丰富 I/O 通信接口，可以实现与周边设备的通信（表 7-1）。

表 7-1

通信类型	PC 端通信	现场总线通信	ABB 标准通信
执行标准	RS232OPC serverSocket Message	Device NET（CAN 总线） Profibus Profibus –DPEtherNET IP	标准 I/O 模块 ABB PLC

2. I/O 信号的分类

　　（1）ABB 的标准 I/O 板提供的常用信号处理有数字输入 di、数字输出 do、模拟输入 ai、模拟输出 ao，以及输送链跟踪。

　　（2）ABB 机器人可以选配标准 ABB 的 PLC，省去了原来与外部 PLC 进行通信设置的麻烦，并且在机器人的示教器上就能实现与 PLC 相关的操作。

7.3.2 机器人的 I/O 通信配置

1. 标准 I/O 模块的参数配置（表7–2）

表 7–2　标准 I/O 模块的参数配置

参数名称	配置说明
Name	设定 I/O 模块在系统中的名称
Address	设定 I/O 模块的地址值

2. I/O 信号的参数配置（表7–3）

表 7–3　I/O 信号的参数配置

参数名称	配置说明
Name	设定信号的名称
Type of Signal	设定信号的类型
Assigned to Device	设定信号所在的 I/O 模块
Device Mapping	设定信号在 I/O 模块上的地址

任务实施

1. 做给你看

步骤	内容说明	图示
	新建 DeviceNet Board 通信单元	
1	打开示教器，在主菜单中单击"控制面板"，进入"控制面板"窗口	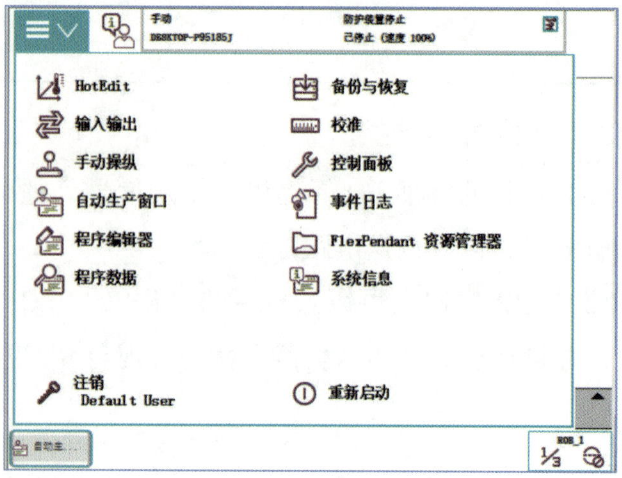

步骤	内容说明	图示
2	单击"配置"，单击"配置系统参数"选项	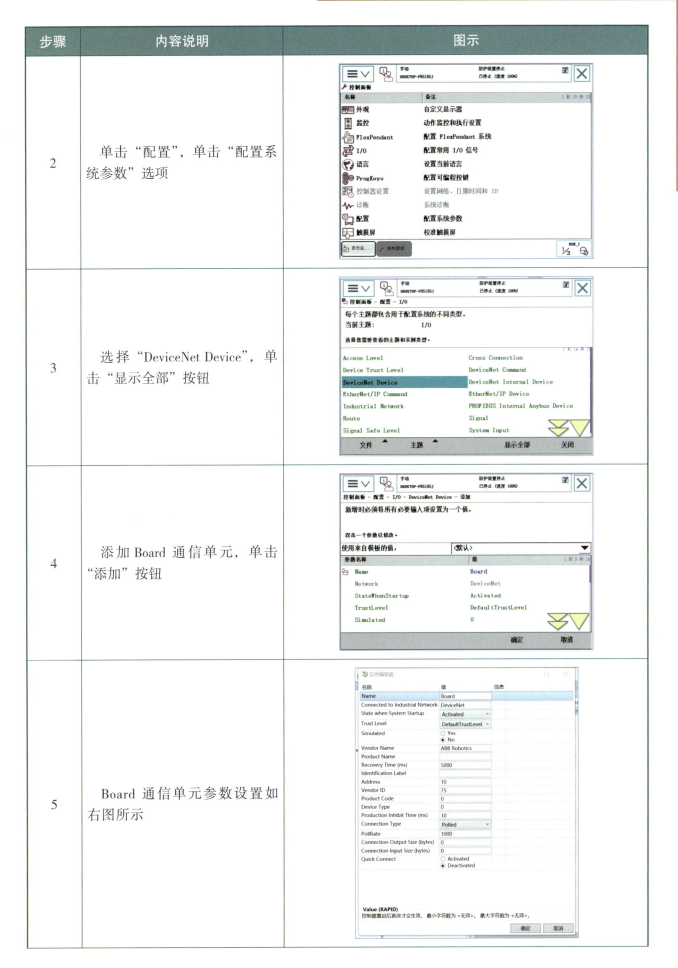
3	选择"DeviceNet Device"，单击"显示全部"按钮	
4	添加 Board 通信单元，单击"添加"按钮	
5	Board 通信单元参数设置如右图所示	

步骤	内容说明	图示
6	重启虚拟控制器：单击"确定"按钮，弹出对话框提示"是否现在重新启动"，单击"是"按钮	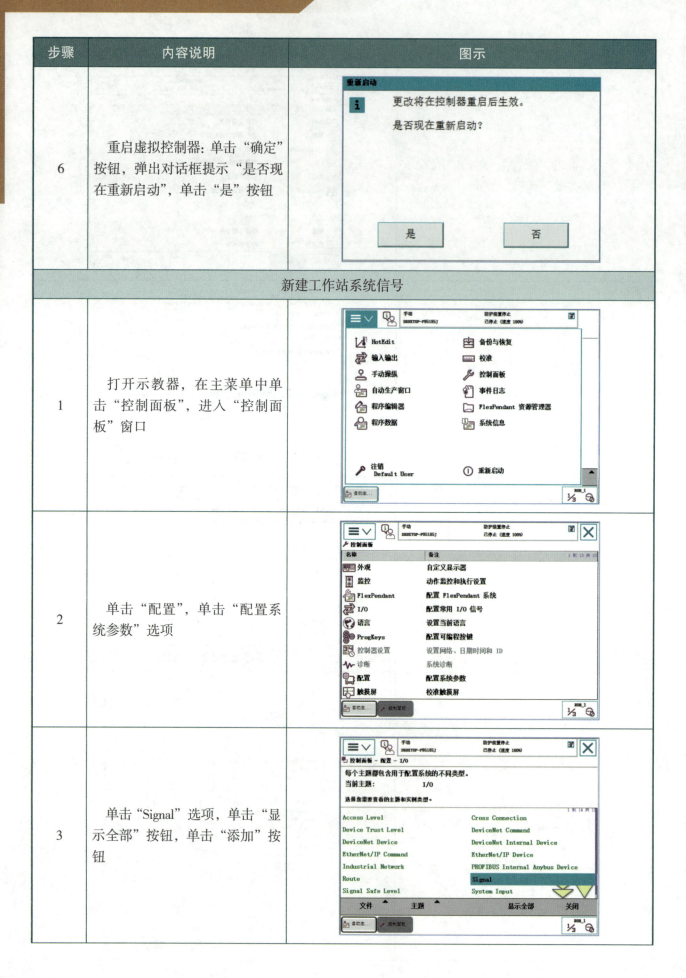
		新建工作站系统信号
1	打开示教器，在主菜单中单击"控制面板"，进入"控制面板"窗口	
2	单击"配置"，单击"配置系统参数"选项	
3	单击"Signal"选项，单击"显示全部"按钮，单击"添加"按钮	

步骤	内容说明	图示
4	新建系统启动输入信号"di_1"：启动输入信号"di_1"参数设置如右图所示，单击"确定"按钮	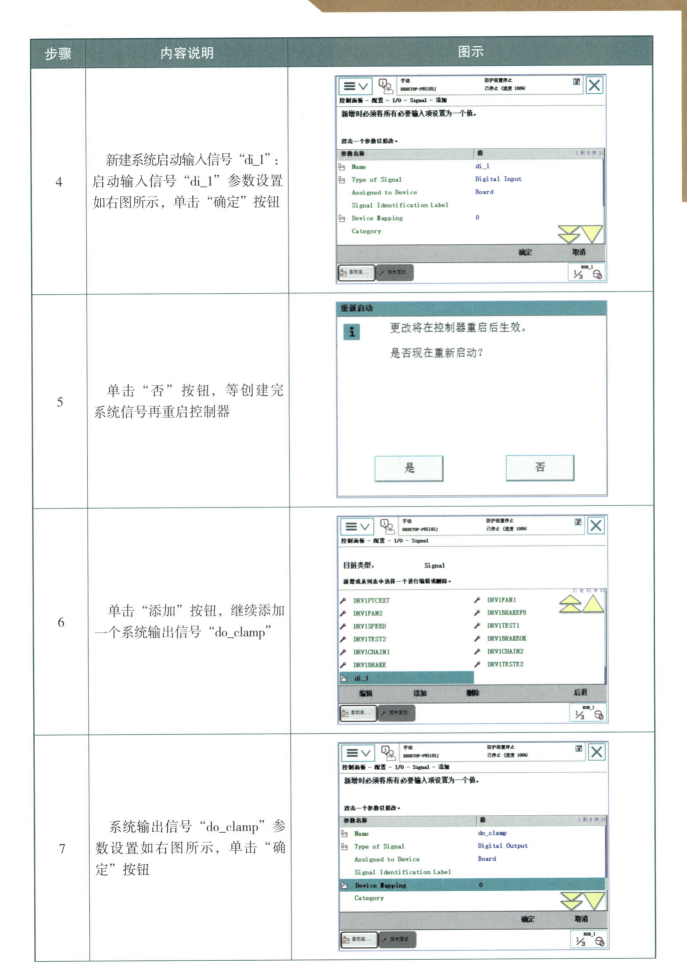
5	单击"否"按钮，等创建完系统信号再重启控制器	
6	单击"添加"按钮，继续添加一个系统输出信号"do_clamp"	
7	系统输出信号"do_clamp"参数设置如右图所示，单击"确定"按钮	

步骤	内容说明	图示
8	单击"是"按钮，选择重新启动控制器，工作站系统信号设置完毕	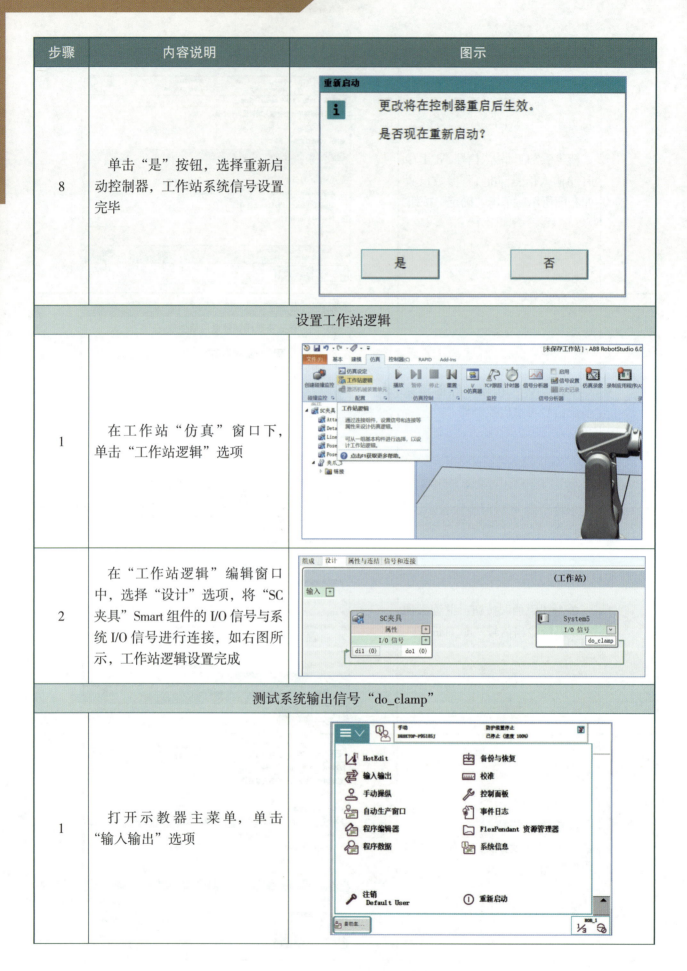
设置工作站逻辑		
1	在工作站"仿真"窗口下，单击"工作站逻辑"选项	
2	在"工作站逻辑"编辑窗口中，选择"设计"选项，将"SC夹具"Smart组件的 I/O 信号与系统 I/O 信号进行连接，如右图所示，工作站逻辑设置完成	
测试系统输出信号"do_clamp"		
1	打开示教器主菜单，单击"输入输出"选项	

步骤	内容说明	图示
2	在输入输出窗口中，单击"视图"，选择"数字输出"选项	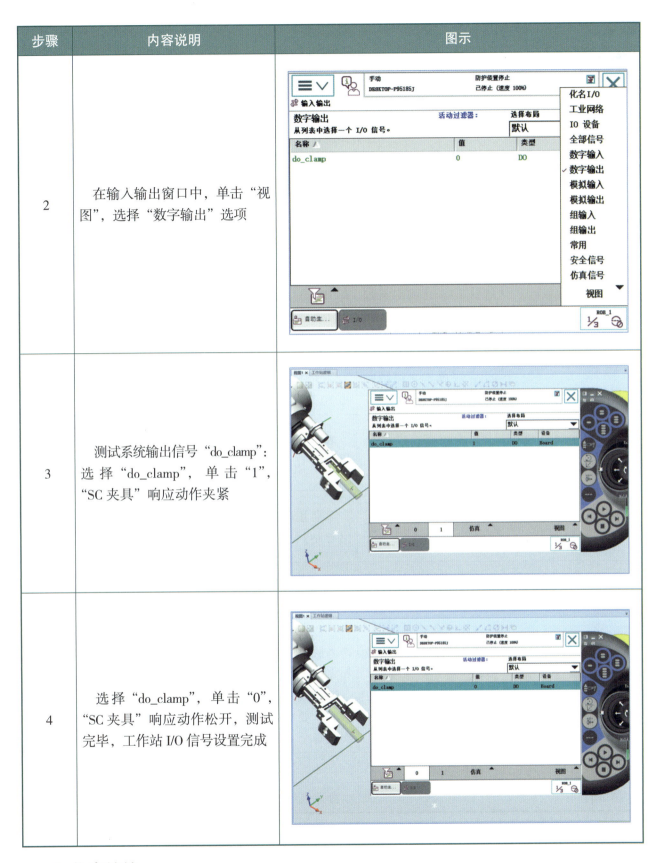
3	测试系统输出信号"do_clamp"：选择"do_clamp"，单击"1"，"SC 夹具"响应动作夹紧	
4	选择"do_clamp"，单击"0"，"SC 夹具"响应动作松开，测试完毕，工作站 I/O 信号设置完成	

2. 你来练练

参考"做给你看"中的步骤完成"工作站 I/O 配置"。

学习评价

按任务实施评价表评价本任务完成效果，按本项占总体 10% 折算，按下表对本次任务学习情况进行评价。

任务实施评价表

序号	主要内容	考核要求	评分标准	配分	扣分	得分
1	定义机器人的 I/O 板	正确定义机器人的 I/O 板	不会定义机器人的 I/O 板，扣 10 分	10		
2	定义机器人的 I/O 信号	正确定义数字输入信号 di1；正确定义数字输出信号 do1；正确定义组输入信号 gi1；正确定义组输出信号 go1；正确定义模拟输出信号 ao1	不会定义数字输入信号 di1，扣 10 分；不会定义数字输出信号 do1，扣 10 分；不会定义组输入信号 gi1，扣 10 分；不会定义组输出信号 go1，扣 10 分；不会定义模拟输出信号 ao1，扣 10 分	50		
3	监控和操作输入输出信号	正确监控和操作输入输出信号	不会监控和操作输入输出信号，扣 10 分	10		
4	能进行系统输入/输出与 I/O 信号的关联	能正确进行系统输入/输出与 I/O 信号的关联	不会正确进行系统输入/输出与 I/O 信号的关联，扣 10 分	10		
5	使用示教器可编程按键	正确使用示教器可编程按键	不会使用示教器可编程按键，扣 10 分	10		
6	安全文明生产	劳动保护用品穿戴整齐；遵守操作规程；讲文明礼貌；操作结束要清理现场	1. 操作中，违反安全文明生产考核要求的任何一项扣 5 分，扣完为止；2. 当发现学生有重大事故隐患时，要立即予以制止，并每次扣安全文明生产总分 5 分	10		
开始时间：			合计	100		
结束时间：		测评人：		测评结果		

任务 4　搬运码垛工作站的离线编程与仿真

 任务描述

　　搬运码垛工作站是一种智能化设备，用于自动化地将货物从一个位置搬运到另一个位置，并进行码垛操作。在系统建模的基础上，进行离线编程。通过编写程序，控制搬运码垛工作站完成特定任务，如货物的搬运路径、码垛顺序等。在完成离线编程后，进行仿真验证。

搬运工作站仿真
录像

 任务分析

　　本任务采用离线编程方法，操作机器人实现模型运动轨迹的示教。有两个矩形物料底盘，每个底盘有 20 个物料位置，每个物料间距是 50 mm。要求工业机器人先将左边物料底盘中 20 个物料对应搬放到右边物料底盘中相应的位置。任务要求能运用基本指令编写程序，并进行调试与运行，实现两个物料底盘内的物料往返搬运。

　　物料搬运模型如图 7-2 所示。

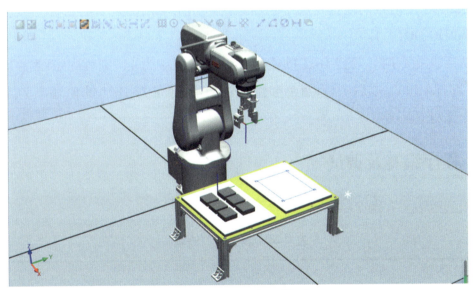

图 7-2　物料搬运模型

 知识链接

7.4.1　I/O 控制指令

　　I/O 控制指令用于控制 I/O 信号，已达到与机器人周边设备进行通信的目的。常用的 I/O 指令有：

1. Set 数字信号置位指令

Set 数字信号置位指令用于将数字输出（Digital Output）置位为 1。

例如：Set DO1——将信号 DO1 设置为 1。

2. Reset 数字信号复位指令

Reset 数字信号复位指令用于将数字输出（Digital Output）复位为 0。

例如：Reset DO1——将信号 DO1 复位为 0。

如果在 Set、Reset 指令前有运动指令 MoveL、MoveJ、MoveC、MoveAbsJ 的转弯区数据，必须使用 fine 才可以准确地输出 I/O 信号状态的变化。

3. WaitDI 数字输入信号判断指令

WaitDI 数字输入信号判断指令用于判断数字输入信号的值是否与目标一致。

例如：WaitDI DI1，1。

在程序执行此指令时，等待 DI1 的值为 1。如果 DI1 为 1，则程序继续往下执行；如果达到最大等待时间 300 s 以后（可以设定比 300 s 小的时间），DI1 的值还不为 1，则机器人报警或进入出错处理程序。

4. WaitDO 数字输出信号判断指令

WaitDO 数字输出信号判断指令用于判断数字输出信号的值是否与目标一致。

例如：WaitDO DO1，1。

在程序执行此指令时，等待 DO1 的值为 1。如果 DO1 为 1，则程序继续往下执行；如果达到最大等待时间 300 s 以后（可以设定比 300 s 小的时间），DO1 的值还不为 1，则机器人报警或进入出错处理程序。

7.4.2 程序编写及调试

1. 制定工艺流程（表 7-4）

表 7-4 制定工艺流程

机器人工作原点→运动到物料底盘 A →从物料底盘 A 夹取第一个物料并提升→放到另一个物料底盘 B 相应位置并提升→运动到物料底盘 A 夹取物料→如此循环，直到物料底盘的 20 个物料全部完成搬运任务→回到机器人工作原点	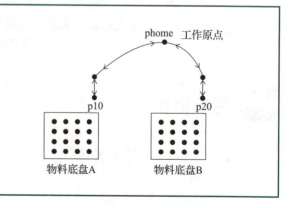

2. 定义机器人目标点（表 7-5）

表 7-5　目标点说明

序号	点序号	注释	备注	序号	点序号	注释	备注
1	phome	机器人工作原点	需示教	8	p110	物料底盘 A 点	需示教
2	p1	物料底盘 A 过渡点	需示教	9	p20	物料底盘 B 点	需示教
3	p10	物料底盘 A 点	需示教	10	p40	物料底盘 B 点	需示教
4	p30	物料底盘 A 点	需示教	11	p60	物料底盘 B 点	需示教
5	p50	物料底盘 A 点	需示教	12	p80	物料底盘 B 点	需示教
6	p70	物料底盘 A 点	需示教	13	p100	物料底盘 B 点	需示教
7	p90	物料底盘 A 点	需示教	14	p120	物料底盘 B 点	需示教

3. 机器人程序编写

（1）机器人主程序编写（仅供参考）

```
PROC main（）
Reset do_clamp;              !释放物料
rhome;                        !回到工作原点
BanyunAB;                     !物料底盘 A 到物料底盘 B
rhome;
ENDPROC
```

（2）机器人回工作原点子程序编写（仅供参考）

```
PROC rhome（）
MoveAbsJ Phome\NoEOffs, v1000, z50, Fixture\WObj：=Wobj1;
ENDPROC
```

（3）机器人物料搬运子程序编写（仅供参考）

```
PROC BanyunAB（）
MoveJ p1, v1000, fine, Fixture\WObj：=Wobj1;    !运动到物料底盘 A 过渡点
MoveL Offs（p10, 0, 0, 50）, v1000, fine, Fixture\WObj：=Wobj1;     !运动 p10 点上方
MoveL p10, v1000, fine, Fixture\WObj：=Wobj1;
jiaqu;                        !调用夹具夹取程序夹取物料
MoveL Offs（p10, 0, 0, 50）, v1000, fine, Fixture\WObj：=Wobj1;
MoveL Offs（p20, 0, 0, 50）, v1000, fine, Fixture\WObj：=Wobj1;
MoveL p20, v1000, fine, Fixture\WObj：=Wobj1;
shifang;                      !调用夹具释放程序释放物料
MoveL Offs（p20, 0, 0, 50）, v1000, fine, Fixture\WObj：=Wobj1;
MoveL Offs（p30, 0, 0, 50）, v1000, fine, Fixture\WObj：=Wobj1;
MoveL p30, v1000, fine, Fixture\WObj：=Wobj1;
```

```
    jiaqu;
    MoveL Offs (p30, 0, 0, 50), v1000, fine, Fixture\WObj :=Wobj1;
    MoveL Offs (p40, 0, 0, 50), v1000, fine, Fixture\WObj :=Wobj1;
    MoveL p40, v1000, fine, Fixture\WObj :=Wobj1;
    shifang;
    MoveL Offs (p40, 0, 0, 50), v1000, fine, Fixture\WObj :=Wobj1;
    MoveL Offs (p50, 0, 0, 50), v1000, fine, Fixture\WObj :=Wobj1;
    MoveL p50, v1000, fine, Fixture\WObj :=Wobj1;
    jiaqu;
    MoveL Offs (p50, 0, 0, 50), v1000, fine, Fixture\WObj :=Wobj1;
    MoveL Offs (p60, 0, 0, 50), v1000, fine, Fixture\WObj :=Wobj1;
    MoveL p60, v1000, fine, Fixture\WObj :=Wobj1;
    shifang;
    MoveL Offs (p60, 0, 0, 50), v1000, fine, Fixture\WObj :=Wobj1;
    MoveL Offs (p70, 0, 0, 50), v1000, fine, Fixture\WObj :=Wobj1;
    MoveL p70, v1000, fine, Fixture\WObj :=Wobj1;
    jiaqu;
    MoveL Offs (p70, 0, 0, 50), v1000, fine, Fixture\WObj :=Wobj1;
    MoveL Offs (p80, 0, 0, 50), v1000, fine, Fixture\WObj :=Wobj1;
    MoveL p80, v1000, fine, Fixture\WObj :=Wobj1;
    shifang;
    MoveL Offs (p80, 0, 0, 50), v1000, fine, Fixture\WObj :=Wobj1;
    MoveL Offs (p90, 0, 0, 50), v1000, fine, Fixture\WObj :=Wobj1;
    MoveL p90, v1000, fine, Fixture\WObj :=Wobj1;
    jiaqu;
    MoveL Offs (p90, 0, 0, 50), v1000, fine, Fixture\WObj :=Wobj1;
    MoveL Offs (p100, 0, 0, 50), v1000, fine, Fixture\WObj :=Wobj1;
    MoveL p100, v1000, fine, Fixture\WObj :=Wobj1;
    shifang;
    MoveL Offs (p100, 0, 0, 50), v1000, fine, Fixture\WObj :=Wobj1;
    MoveL Offs (p110, 0, 0, 50), v1000, fine, Fixture\WObj :=Wobj1;
    MoveL p110, v1000, fine, Fixture\WObj :=Wobj1;
    jiaqu;
    MoveL Offs (p110, 0, 0, 50), v1000, fine, Fixture\WObj :=Wobj1;
    MoveL Offs (p120, 0, 0, 50), v1000, fine, Fixture\WObj :=Wobj1;
    MoveL p120, v1000, fine, Fixture\WObj :=Wobj1;
    shifang;
    MoveL Offs (p120, 0, 0, 50), v1000, fine, Fixture\WObj :=Wobj1;
    ENDPROC
```

（4）夹具夹取子程序（仅供参考）

```
PROC jiaqu()
WaitTime 1;
Set do_clamp;        !夹取物料
WaitTime 1;
ENDPROC
```

（5）夹具释放子程序（仅供参考）

```
PROC shifang()
Waitrime 1;
Reset do_clamp;        !释放物料
Waitrime 1;
ENDPROC
```

4. 工作站仿真运行调试

（1）在"基本"选项卡单击"同步"选项，选择"同步到工作站"选项。

（2）在"仿真"选项卡单击"仿真设定"选项，运行模式选择"单个周期"，进入点选择"main"，然后单击"关闭"按钮。

（3）在"仿真"选项卡单击"播放"按钮，工作站仿真开始。

任务实施

参考以上知识和步骤为搬运码垛工作站进行离线编程并进行仿真验证。

项目评价

按任务实施评价表对任务完成情况进行评价。

任务实施评价表

任务编号		任务名称					
考核板块	序号	考核点		分值标准	得分	学生评价	教师评价
一　职业素养	1	遵守上课纪律（不迟到、旷课、早退，违反一次扣2分）		10分			
	2	工位区域清洁，设备设施维护（未执行扣2分）					
	3	工作表现（参与度）具有团队意识（未执行扣2分）					
	4	严谨专注，精益求精，确保任务实施质量（未执行扣4分）					

续表

考核板块		序号	考核点	分值标准	得分	学生评价	教师评价
二	知识技能		操作要求（未完成的每项扣10分）	50分			
		5	按要求完成工作站构建				
		6	正确创建机械装置动态效果				
		7	正确创建 Smart 动态夹具				
		8	工作站逻辑设定正确				
		9	完成程序的编写与调试				
三	工艺精度		精度要求（未完成的项酌情扣分）	30分			
		10	机器人路径平稳、连续有序				
		11	轨迹在指定加工区域内				
		12	加工工件与要求相符				
		13	机器人实现精准运动				
四	安全文明		操作纪律要求（违反任意一项扣10分）	10分			
		14	遵守实训场地纪律，服从老师安排				
		15	操作规范，符合安全要求				
		16	不擅自离开实训工位				
五	否定项	17	故意违反操作，损坏设备得0分				
考核总分（100分）							

总结

项目以物料搬运为例创建了机器人搬运码垛工作站。通过搬运码垛工作站的创建与调试，展示了工作站机械装置的创建、Smart 组件创建、I/O 配置、程序数据创建、标点示教、程序编写及调试等重要内容，有助于读者自行创建各类型机器人工作站。

练习题

一、填空题

1. 创建机械装置时，可以根据需要创建多个链接，但必须有一个链接被设置为_____链接。

2. 在 RobotStudio 6.08 中创建机械装置的姿态时，根据工作站需要可以将所创建的其中一个姿态设置为_____姿态。

3._____功能就是在RobotStudio中实现动画效果的高效工具。

4.搬运码垛工作站中Smart夹爪动态效果包含：_____、_____和自动置位复位真空反馈信号。

5.Smart组件的动作子对象组件主要有_____、_____、_____、_____和_____等。

二、判断题

1.创建工作站I/O信号，能独立设置和修改连接与属性面板的能力。（　　）

2.在"建模"选项卡中单击"创建机械装置"，机械装置模型名称更改为"夹具"，类型为"设备"。（　　）

3.创建机械装置链接中，可以设置多个链接，勾选"设置BaseLink"。（　　）

4.采用机器人搬运可以大幅提高生产效率、节省劳动力成本、提高定位精度等。（　　）

5.一般三维模型导入完成后，还需要调整其位置和方向。（　　）

三、单项选择题

1.在创建机械装置的过程中设置机械装置的链接参数时，必须选择一个链接设置为（　　），否则无法创建机械装置的链接。（　　）

A. FartherLink　　　　B. PopLink　　　　C. BaseLink　　　　D. TDLink

2.RobotStudio中创建的机械装置要设置其运动姿态，（　　）位置可以设置为原点位置。

A.全部　　　　B.中心　　　　C.原点　　　　D.同步

3.在RobotStudio创建机械装置的过程中，设置机械装置的接点参数时，接点的类型有（　　）两种。

A.局部链接、网格链接　　　　　　B.父链接、子链接

C.基础链接、活动链接　　　　　　D.父链接、基础链接

4.在创建机械装置的过程中设置机械装置的链接参数时，必须至少为其创建（　　）个链接。

A.1　　　　B.2　　　　C.3　　　　D.4

5.在创建机械装置的过程中，设置机械装置的接点参数时，接点限制类型有（　　）两种模式。

A.常量、变量　　B.可变量、常量　　C.可变量、变量　　D.恒值、变量

四、简答题

1.简述常用的I/O配置方法。

2.简述目标点的示教方法。

3.完成搬运程序的设计。

参考文献

［1］张华，龚成武. 工业机器人操作与编程［M］. 北京：机械工业出版社，2022.

［2］叶晖. 工业机器人工程应用虚拟仿真教程［M］. 北京：机械工业出版社，2013.

［3］叶晖. 工业机器人典型应用案例精析［M］. 北京：机械工业出版社，2013.

［4］张明文. 工业机器人编程及操作（ABB 机器人）［M］. 哈尔滨:哈尔滨工业大学出版社，
2017.

［5］邢美峰. 工业机器人操作与编程［M］. 北京：电子工业出版社，2016.

［6］赫巧梅，刘怀兰. 工业机器人技术［M］. 北京：电子工业出版社，2016.

［7］胡伟. 工业机器人行业应用实训教程［M］. 北京：机械工业出版社，2015.

［8］邓三鹏. ABB 工业机器人编程与操作［M］. 北京：机械工业出版社，2018.

［9］杨玉杰. 工业机器人实操与应用［M］. 北京：北京理工大学出版社，2020.

［10］杨金鹏，李勇兵. ABB 工业机器人应用技术［M］. 北京：机械工业出版社，2020.